W0254304

Das Buch ist für Physiker und Elektrotechniker geschrieben. Es werden zuerst einige Begriffe klargelegt, die man in der Lehre von den Größen und den Einheiten braucht. Hierauf werden nach einer angegebenen deduktiven Methode die kennzeichnenden Größen erst des elektrischen, dann des magnetischen Feldes abgeleitet. Die Frage der in bestimmter Hinsicht notwendigen und hinreichenden Anzahl unabhängiger Größen wird behandelt. Für die systematische Darstellung der Einheiten wird von den Größengleichungen ausgegangen. Behandelt werden vor allem die heute gebräuchlichen praktischen Einheiten und die CGS-Einheiten sowie ihre Zusammenhänge. Die angeschlossenen Tabellen (Größengleichungen, Zahlenwertgleichungen der Systeme, praktische Einheiten und CGS-Einheiten, Umrechnungstafeln) sollen den Praktiker unterstützen, der immer wieder vor der Aufgabe steht, aus einer Form der Gleichungen in eine andere und aus einem Einheitensystem in ein anderes übersetzen zu müssen.

SPRINGER-VERLAG
BERLIN / GÖTTINGEN / HEIDELBERG

Größen und Einheiten der Elektrizitätslehre

Von

Johannes Fischer

Dr.-Ing.

o. Professor an der Technischen Hochschule

Karlsruhe

Mit 2 Abbildungen

Springer-Verlag

Berlin / Göttingen / Heidelberg

1961

ISBN-13: 978-3-642-49215-0 e-ISBN-13: 978-3-642-49214-3
DOI: 10.1007/978-3-642-49214-3

Softcover reprint of the hardcover 1st edition 1961

Vorwort

Bei der Darstellung des Stoffes, die in manchem von dem gewohnten Bild abweicht, habe ich mich von einigen Gedanken leiten lassen, die ich nicht für neu, aber für außerordentlich fruchtbar halte: Der Begriff der allgemeinen physikalischen Größe kann sinnvoll gebildet werden, ohne daß der Begriff der Einheit vorausgesetzt oder auch nur zu Hilfe genommen werden muß. Durch die allgemeinen Größengleichungen lassen sich darum die physikalischen Zusammenhänge darstellen, ohne daß auf Einheiten Bezug genommen wird und ohne daß zuvor Einheiten festgesetzt werden müssen. Aus den Größen folgen über die Einheiten die Zahlenwerte, nicht umgekehrt. Dies halte ich für die entscheidende Erkenntnis WALLOTS. — Durch die allgemeinen Größengleichungen werden die allgemeinen Größen aufeinander zurückgeführt; einige Größen bleiben unabhängig. Es ist offenbar entscheidend, ob man über die Anzahl der voneinander unabhängigen Größen zu einem sicheren Urteil kommen kann. Ist diese Anzahl mehr oder weniger ins Ermessen gestellt, so wird die theoretische Elektrizitätslehre und die praktische Einheitenlehre ein um so vielfältigeres und verwickelteres Bild gewähren, je mehr verschiedene Anzahlen gleichberechtigt behandelt werden; kann aber die Anzahl unabhängiger Größen, die in bestimmter Weise notwendig und ausreichend ist, durch Anwendung bestimmter Grundsätze methodisch gefunden werden, so ist diese Anzahl besonders gerechtfertigt. Legt man diese und nur diese Anzahl zugrunde, so wird die Darstellung der theoretischen Elektrizitätslehre und der praktischen Einheitenlehre einheitlich und übersichtlich. — Ich habe diese Leitgedanken, ihre Begründung, ihre Anwendungen und Folgen in dieser Schrift kürzehalber „Größenlehre" genannt.

Ich habe es für wichtig gehalten, im ersten Teil an die Begriffsbestimmungen Sorgfalt zu wenden. Ausdrücke wie: Dimensionsbeziehung, Einheit, Art einer Größe, aber auch Größe selbst sind verbreitet und gebräuchlich, und gerade deswegen laufen sie Gefahr, einem fortwährenden Bedeutungswandel zu unterliegen. — Erst hierauf lassen sich die Grundsätze formulieren, deren methodische Anwendung auf einem Weg, den ich für sicher und einwandfrei halte, zu der notwendigen und ausreichenden Anzahl der voneinander unabhängigen Größen führt. Ich habe dann diese Methode auf die Elektrizitätslehre, die Mechanik inbegriffen, angewandt und mich auch mit anderen Auffassungen auseinandergesetzt.

Den zweiten Teil, die Einheitenlehre, halte ich keineswegs für wichtiger als den ersten. Geht man davon aus, daß die Einheiten, die Einheitenbeziehungen und die Einheitensysteme zur Voraussetzung die Größengleichungen haben, die den gegenwärtigen Stand des physikalischen Wissens ausdrücken, so ist der Gegenstand einer Einheitenlehre mehr die theoretisch ausreichende und zugleich möglichst einfache Darstellung und weniger die Geschichte der Beratungen und Beschlüsse internationaler Körperschaften und der diesbezüglichen nationalen Gesetzgebungen. Daß beide Tätigkeiten unentbehrlich sind, ist selbstverständlich. — Viele halten die Vielfältigkeit der Einheiten für eine Krankheit von Physik und Technik; sie glauben, diese Krankheit für sich selbst dadurch betäuben zu können, daß sie auf ein einziges Einheitensystem schwören. „Das Giorgische System ist gut, aber es verwöhnt seine Anhänger, ja es verzärtelt sie. Sie können am Schreibtisch oder an der Tafel des Hörsaales ausgezeichnet damit rechnen. Aber wenn sie einmal eine alte physikalische Abhandlung oder rein technische Literatur zu lesen haben, sind sie hilfloser als die anderen, die das Rechnen mit beliebigen, frei gewählten Einheiten gelernt haben.“ (J. Wallot) — Ein Einheitensystem, und erst recht ein kohärentes Einheitensystem, fasziniert den Theoretiker, aber es ist kein Allheilmittel für den Zahlenrechner. Dieser dient sich selbst viel besser mit zugeschnittenen Größengleichungen, die ihm die beliebige, systemlose Wahl von Einheiten erlauben.

Eine formale Schwierigkeit, deren Überwindung in gar keinem vernünftigen Verhältnis steht zu ihrer physikalischen Bedeutung, liegt in der historisch bedingten Tatsache, daß es nebeneinander rationale und nichtrationale Zahlenwertgleichungen, rationale und nichtrationale Einheiten, rationale und nichtrationale Größengleichungen gibt. Aber in jedem einzelnen Fall läßt sich diese Schwierigkeit verhältnismäßig einfach und vor allem zwangläufig, nämlich durch einfaches Hinschreiben von Gleichungen, überwinden. Man muß sich nur entschließen, den Preis zu bezahlen für den ungeheuren Vorteil der allgemeinen Größengleichungen, daß sie nämlich die physikalischen Zusammenhänge unabhängig von der Willkür der Einheiten ausdrücken; dieser Preis besteht im Grunde genommen nur darin, daß man ihr Vorhandensein anerkennt: etwas eindeutig Bestimmtes läßt sich eben nur aussagen, wenn man Größengleichungen, Einheitengleichungen und Zahlenwertgleichungen zusammen miteinander berücksichtigt. Dann weiß man in jedem Fall sogleich, was Voraussetzungen, was Folgen sind, und welche Entscheidungen man treffen kann oder allenfalls treffen muß. Von dieser Verknüpfungsbeziehung, auf die WALLOT nachdrücklich hingewiesen hat, habe ich überall Gebrauch gemacht.

Der dritte Teil, die Tabellen, ist, wie ich hoffe, so eingerichtet, daß mit ihm dem Praktiker unmittelbar geholfen wird; er steht ja immer wieder vor der Aufgabe, aus einer Form der Gleichungen in eine andere und aus einer Einheitenbeziehung in eine andere übersetzen zu müssen.

Ich verdanke vieles der Diskussion mit Kollegen und Interessenten. Von den Verstorbenen erwähne ich in Verehrung G. MIE und F. EMDE. Mit besonderer Dankbarkeit denke ich an mehr als zwanzig Jahre fruchtbaren schriftlichen und mündlichen Meinungsaustausches mit J. WALLOT.

Karlsruhe, im Januar 1961

J. Fischer

Inhaltsverzeichnis

I. Größen

II. Einheiten

C. Folgerungen

Hinweise

Zur Schreibweise: Zahlenwerte sind mit geschweiften Klammern, Einheiten mit eckigen Klammern geschrieben: $\{G\}$ bedeutet einen Zahlenwert, $[G]$ bedeutet eine Einheit einer Größe G. Für Einheiten, die Namen tragen, sind überall die eingeführten Kurzzeichen geschrieben. Dies ist der Kürze der Darstellung dienlich, erfordert aber sorgfältiges Lesen der Formeln. Die Kurzzeichen der Einheiten sind mit senkrechten Lettern gedruckt, desgleichen das Zeichen für das Differential. Die Kurzzeichen sind in der Tabelle XVI zusammengestellt; auf einige Verwechslungsmöglichkeiten ist dort hingewiesen.

Zur Anordnung: Die Abschnitte sind durchnumeriert, die Gleichungen sind abschnittweise durchgezählt. Verweisungen beziehen sich immer auf Abschnittsnummern. Auf den Seiten findet man die Nummern der Abschnitte oben *außen*, die Seitenzahlen oben *in der Mitte.*

I. Größen

1. Zwei Auffassungen über die Anzahl der Grundgrößen

(Wählbare oder bestimmbare Anzahl der Grundgrößen)

Man definiert die Größen der Elektrizitätslehre dadurch, daß man sie ableitet aus Grundgrößen: diese sind Größen, die nicht mehr weiter aus anderen abgeleitet werden oder abgeleitet werden können und die voneinander und von anderen Größen unabhängig sind. Es ist wohl unbestritten, daß zum Beispiel die Länge und Zeit solche Größen sind. (Strecken und Zeitdauern sind der quantitativen Festlegung zugänglich, daher sind die Länge und die Zeit nicht etwa nur allgemeine Begriffe, sondern sie sind physikalische Größen.)

In vielen Teilgebieten der Physik sind die Größendefinitionen offenbar einfach und in ihrem grundsätzlichen Aufbau leicht zu übersehen. In der Mechanik zum Beispiel legt man drei Größen zugrunde, die voneinander unabhängig sind und nicht mehr aus anderen Größen abgeleitet werden. Wählt man für die Ableitung der Größen neben der Länge und der Zeit als dritte Grundgröße im einen Fall die Masse, im anderen Fall die Kraft, so unterscheiden sich die Definitionen einer abgeleiteten Größe, etwa der Leistung oder des Drehimpulses, nur formal, denn durch Berücksichtigung des Zusammenhanges zwischen Kraft und Masse kann die eine Definition in die andere überführt werden. Nicht durch die Zahl, höchstens durch die Wahl der unabhängigen Größen unterscheiden sich die Auffassungen. Die Anzahl 3 der Grundgrößen der Mechanik wird kaum mehr in Zweifel gezogen; sie ist als notwendig und hinreichend gesichert.

Eine bestimmte Auffassung, die für die Elektrizitätslehre vertreten wird, bietet ein viel weniger einfaches Bild. Nach dieser Auffassung kann man über die Anzahl der voneinander unabhängigen Grundgrößen nichts Bestimmtes sagen, diese Anzahl könne vielmehr gewählt werden. Es sei, so wird gesagt, Sache des frei wählbaren Standpunktes, ob man für die Definitionen der Größen der Elektrizitätslehre drei, vier oder mehr voneinander unabhängige, nicht mehr weiter ableitbare Größen zugrunde legt, jedenfalls spreche in grundsätzlicher Hinsicht nichts Entscheidendes für die eine oder die andere Anzahl von Grundgrößen. Hat man nach dieser Auffassung sich für eine bestimmte Anzahl von Grundgrößen entschieden und diese selbst festgelegt, so läßt sich ein bestimmtes System von Größen ableiten, mit einer anderen Wahl der Anzahl der Grundgrößen ein anderes System von andersartigen Größen.

Für ein und dieselbe physikalische Erscheinung, etwa für den elektrischen Strom, gibt es also nach dieser Auffassung zum Beispiel in einem System mit drei Grundgrößen eine Größe: Stromstärke I^{III} und in einem anderen System mit vier Grundgrößen eine andere Größe: Stromstärke I^{IV}. Diese zwei Größen sind definitionsgemäß Größen verschiedener Art. Es kann also nicht etwa aus ihnen physikalisch sinnvoll eine Differenz oder eine Summe gebildet werden (so, wie es physikalisch sinnvoll ist, die Differenz zweier Temperaturen zu bilden); es wäre falsch, zu sagen, daß die eine ein zahlenmäßiges Vielfaches der anderen wäre, vielmehr ist ihr Quotient wieder eine physikalische Größe, nicht etwa eine reine (unbenannte) Zahl. Das einzig gemeinsame ist der Umstand, daß *beide* Größen I^{III} und I^{IV} Attribute (Beschreibungen, Merkmale) derselben physikalischen Erscheinung „elektrischer Strom" sein sollen, und nur dieser Umstand (zusammen mit dem beschränkten Vorrat an Wörtern und Formelzeichen) rechtfertigt es, daß für die zwei verschiedenartigen (nicht vergleichbaren) Größen dennoch dasselbe Wort „Stromstärke" und dasselbe Zeichen I verwendet wird.

Was hier über die Größen I^{III} und I^{IV} gesagt wurde, gilt entsprechend auch für ihre Einheiten. Ist zum Beispiel die Einheit der Stromstärke I^{III} das Ampere A_Q des Quadrant-Systemes elektrischer Einheiten, das auf J. C. Maxwell zurückgeht[1]), und ist die Einheit der Stromstärke I^{IV} das Ampere A des gegenwärtig geltenden Systemes der Internationalen Einheiten, so ist der Quotient der zwei Stromstärkeeinheiten

$$\frac{\mathrm{A}_Q}{\mathrm{A}} = \sqrt{\frac{\mu_0}{4\pi}}, \tag{1.1}$$

wenn A_Q in der üblichen Weise definiert wird. Hierin ist μ_0 die Induktionskonstante. Der Quotient ist also eine physikalische Größe, keineswegs eine reine (unbenannte) Zahl. Man kann nicht sagen, die Einheit A_Q sei ein zahlenmäßiges Vielfaches der Einheit A.

Mit der Auffassung, die Anzahl der Grundgrößen sei wählbar, kann man eine fast unbegrenzte Vielfalt verschiedener Größensysteme erschaffen. Man kann, aber man muß nicht so denken. Es gibt auch eine ganz andere Auffassung. Sie behauptet:

Die Anzahl der Grundgrößen ist nicht zur Wahl gestellt. Die notwendige und hinreichende Anzahl der Grundgrößen läßt sich vielmehr methodisch bestimmen, indem man ganz bestimmte Grundsätze bei

---

[1]) J. C. Maxwell, Treatise of electricity and magnetism, Oxford 1873. Hier: Art. 629.

der Definition der Größen anwendet. Über diese Grundsätze selbst und über ihre Anwendung wird in den weiteren Abschnitten berichtet werden.

Befolgt man sie, so ist es nicht möglich, für ein und dieselbe physikalische Erscheinung mehrere Größen zu definieren, die voneinander verschiedenartig sind. Wechselt man bei festgehaltener Anzahl der voneinander unabhängigen Größen diese selbst gegen andere aus, so entstehen auch dann nicht Größen verschiedener Art, vielmehr können die einander entsprechenden Definitionen eindeutig ineinander überführt werden (in der Weise, wie oben im Beispiel aus der Mechanik erwähnt wurde).

Da es nach dieser Auffassung verschiedenartig definierte Größen für dieselbe physikalische Erscheinung nicht gibt, unterscheiden sich auch die verschiedenen Einheiten einer Größe voneinander um Faktoren, die reine (unbenannte) Zahlen sind, jede Einheit ist ein zahlenmäßiges Vielfaches jeder anderen. Wird ein spezieller Wert einer Größe G in zwei verschiedenen Einheiten $[G]_1$ und $[G]_2$ angegeben, so verhalten sich die Zahlenwerte $\{G\}_1$ und $\{G\}_2$ umgekehrt zueinander, wie die Einheiten:

$$G = \{G\}_1\,[G]_1 = \{G\}_2\,[G]_2, \tag{1.2}$$

$$\frac{[G]_2}{[G]_1} = \frac{\{G\}_1}{\{G\}_2} = \zeta; \tag{1.3}$$

ζ ist also eine reine (unbenannte) Zahl.

In dieser Schrift werden wir die *zweite* Auffassung behandeln. Wir nennen sie die Auffassung der *Größenlehre.* Für sie ist es entscheidend wichtig, die Grundsätze aufzustellen, deren methodische Befolgung die notwendige und hinreichende Anzahl der voneinander unabhängigen Größen ergibt. Sodann werden wir diese Methode auf die Elektrizitätslehre (die Mechanik eingeschlossen) anwenden. Zuvor wollen wir erklären, wie wir einige Begriffe bestimmen und einige Ausdrücke verstanden wissen wollen. Worte wie: Größe, Einheit, Zahlenwert, Gleichartigkeit und Verschiedenartigkeit von Größen, sind schon in diesem ersten Abschnitt benutzt worden. Ihre Bedeutung muß noch fester umrissen werden.

2. Beispiele

Beispiele für die Auffassung, die Anzahl der voneinander unabhängigen Grundgrößen sei wählbar, aus der Elektrizitätslehre, aus der Mechanik und aus der Wärmelehre:

a) Für dieselbe physikalische Erscheinung „*magnetischer Induktionsfluß*" gibt es die folgenden verschiedenartigen physikalischen Größen:

1. aus vorgegebenen 3 voneinander unabhängigen Größen: der Länge, der Zeit und der Masse (oder der Kraft) hat man eine Größe $\Phi_e =$ (Kraft)$^{1/2}$ mal Zeit definiert.

2. Aus denselben vorgegebenen Grundgrößen hat man eine Größe Φ_m = (Kraft)$^{1/2}$ mal Länge definiert.

3. Aus vorgegebenen 4 voneinander unabhängigen Größen: der Länge, der Zeit, der Energie (oder der Kraft oder der Wirkung) und der elektrischen Ladung hat man eine Größe Φ = Wirkung geteilt durch Ladung definiert. Würde man in den Grundgrößen die elektrische Ladung durch die elektrische Spannung ersetzen, die anderen 3 Grundgrößen belassen, so wäre *dieselbe* Größe Φ = Spannung mal Zeit.

4. Es ist auch schon gefordert worden, der magnetische Induktionsfluß sei eine Größe Φ_u, die nicht mehr weiter ableitbar, also eine unabhängige Größe ist.

Keine der vier Größen Φ_e, Φ_m, Φ, Φ_u ist gleichartig mit einer anderen. Es können nicht physikalisch sinnvoll Differenzen oder Summen gebildet werden. Der Quotient Φ_m/Φ_e zum Beispiel ist eine Geschwindigkeit, nicht etwa eine reine (unbenannte) Zahl. Man kann also nicht sagen, daß eine Einheit einer dieser Größen ein zahlenmäßiges Vielfaches einer Einheit einer anderen Größe wäre. Das einzig gemeinsame der vier verschiedenartigen Größen ist der Umstand, daß sie dieselbe physikalische Erscheinung beschreiben sollen, und nur dieser Umstand rechtfertigt es, daß für sie dasselbe Wort „magnetischer Induktionsfluß" und dasselbe Formelzeichen Φ benutzt wird.

Die Größen Φ_e und Φ_m sind aus drei Grundgrößen abgeleitet, die Größe Φ ist aus vier Grundgrößen abgeleitet. Erkennt man den magnetischen Induktionsfluß als unabhängige, nicht mehr weiter ableitbare Größe Φ_u an über die vier Grundgrößen hinaus, die in 3. genannt wurden, so hat man fünf unabhängige Grundgrößen. Es ist gebräuchlich geworden, in abgekürzter Redeweise von Dreier-Systemen, Vierer-Systemen, Fünfer-Systemen zu sprechen.

b) Die Masse und das Gravitationsgesetz. Die Länge, die Zeit und die Masse (oder die Energie oder die Kraft oder die Wirkung) seien vorweg gegebene, voneinander unabhängige Größen. Das NEWTONsche Gravitationsgesetz sagt aus: zwischen zwei Körpern, die die Massen m_1 und m_2 und den Abstand r voneinander haben, besteht eine anziehende Kraft F. Die Erfahrung lehrt, daß F proportional ist zu $m_1 m_2/r^2$, die gesamten Erfahrungstatsachen lassen sich also in die Proportionalität zusammenfassen

$$F = \Gamma \frac{m_1 m_2}{r^2}. \tag{2.1}$$

Durch diesen Erfahrungssatz wird aus den vorgegebenen Größen Länge, Masse und Zeit die Konstante Γ definiert. Ihre Größe wird empirisch bestimmt: $\Gamma \approx 6{,}67 \cdot 10^{-11}$ m^3/s^2 kg. Der Zahlenwert (hier $\{\Gamma\} \approx 6{,}67 \cdot 10^{-11}$) ändert sich einerseits mit der Verfeinerung der Meßverfahren, andererseits bei einer Änderung der Einheiten. Die Einheit der Größe ist hier $[\Gamma] = \mathrm{m}^3/\mathrm{s}^2\,\mathrm{kg}$.

Es werde nun die Forderung erhoben, die Konstante Γ sei die reine (unbenannte) Zahl 1. Soll F die Bedeutung der gemessenen Kraft, r die des gegebenen Abstandes behalten, so wird nun durch die Gleichung

$$F = \frac{m_1^* \, m_2^*}{r^2} \tag{2.2}$$

eine neue Größe m^* definiert. Sie ist also eine abgeleitete Größe, während m in (2.1) eine vorweg gegebene Größe ist. Die beiden Größen m^* und m sind nicht gleichartig, man kann nicht physikalisch sinnvoll die Differenz $m - m^*$ bilden, der Quotient der beiden Größen ist nicht eine reine (unbenannte) Zahl, sondern eine physikalische Größe:

$$\frac{m^*}{m} = \sqrt{\Gamma}\,. \tag{2.3}$$

Würde man hier sich ebenso ausdrücken wollen, wie es in der Elektrizitätslehre üblich geworden ist, so würde man die Benennung „Masse" sowohl der Größe m als auch der Größe m^* geben[1]) und bei Benutzung von m von einem Dreier-System, bei Benutzung von m^* von einem Zweier-System der Mechanik sprechen.

Durch die Gleichung (2.2) ist die Masse m^* definiert als Länge mal $(\text{Kraft})^{1/2}$ oder, wenn man in der Definitionsgleichung für die Kraft m durch m^* ersetzt, als $(\text{Länge})^3$ geteilt durch $(\text{Zeit})^2$. Die Anzahl der unabhängigen Größen ist also durch die Gleichung (2.2) gegenüber der Gleichung (2.1) von 3 auf 2 herabgesetzt. Man hat durch die willkürliche Verfügung, die sich in der Gleichung (2.2) ausspricht, die Größe: Masse m aus der Mechanik hinwegdefiniert.

c) *Die Temperatur und die spezifische Wärme.* Die Länge, die Zeit, die Masse (oder die Energie) und die Temperatur seien vorweg gegebene, voneinander unabhängige Größen. Ein Erfahrungssatz der Wärmelehre lautet: die Temperaturerhöhung ΔT einer Substanzmenge ist proportional zur zugeführten Wärmemenge W und umgekehrt proportional zur Masse m und außerdem noch von der Substanz abhängig, zusammengefaßt

$$\Delta T = k \cdot \frac{W}{m}\,. \tag{2.4}$$

Durch diese Gleichung wird die Proportionalitätskonstante k definiert, ihr Kehrwert $1/k = c$ wird spezifische Wärme genannt, ihr Wert wird

[1]) Fordert man, daß die Konstante Γ eine reine (unbenannte) Zahl mit dem oben angegebenen Wert $\{\Gamma\}$ sei:

$$F = \{\Gamma\} \frac{m_1' \, m_2'}{r^2}\,, \tag{2.2a}$$

so wird durch diese Beziehung eine neue Masse $m' = m\sqrt{[\Gamma]}$ definiert, wobei $[\Gamma]$ die oben angegebene Einheit der Konstanten Γ ist. Natürlich ist auch m' ungleichartig mit m.

durch die Erfahrung bestimmt und läßt sich ausdrücken mit Hilfe der voneinander unabhängigen Einheiten, die man für die angegebenen vier voneinander unabhängigen Ausgangsgrößen gewählt hat. Der Zahlenwert kann sich einerseits mit der Verfeinerung der Meßverfahren ändern, andererseits bei Änderung der Einheiten.

Wir betrachten nun (nach einem Vorgang von E. WARBURG[1]) die spezifische Wärme als eine reine (unbenannte) Zahl: $c = \{c\}$; die Wärmemenge W und die Masse m sollen ihre Bedeutung behalten. An die Stelle der Gleichung (2.4) tritt dann

$$\Delta T^* = \frac{1}{\{c\}} \cdot \frac{W}{m}. \tag{2.5}$$

Durch diese Beziehung wird eine neue Größe T^* definiert. Sie ist eine abgeleitete Größe, während T in (2.4) eine vorweg gegebene Größe ist. T^* und T sind nicht gleichartig, man kann nicht physikalisch sinnvoll eine Differenz bilden, der Quotient ist nicht eine reine (unbenannte) Zahl, sondern eine physikalische Größe:

$$\frac{T^*}{T} = [c]; \tag{2.6}$$

hier ist $[c]$ die Einheit von $c = 1/k$, die sich aus gewählten Einheiten für die Länge, die Zeit, die Energie und die Temperatur T ergibt. Würde man sich hier ebenso ausdrücken wollen, wie es in der Elektrizitätslehre üblich geworden ist, so würde man die Benennung „Temperatur" sowohl der Größe T als auch der Größe T^* geben und bei Benutzung von T von einem Vierer-System, bei Benutzung von T^* von einem Dreier-System der Wärmelehre sprechen.

Durch die geforderte Beziehung (2.5) wird die Temperatur T^* eine Größe, die von gleicher Art ist, wie das Quadrat einer Geschwindigkeit. Es ist dann physikalisch sinnvoll zu sagen, daß eine bestimmte Temperatur T^* gleich groß sei, wie das Quadrat einer gewissen Geschwindigkeit. Die Anzahl der unabhängigen Größen ist durch die Gleichung (2.5) gegenüber der Gleichung (2.4) von 4 auf 3 herabgesetzt. Die Wärmelehre hat so dieselben drei Grundeinheiten, wie die Mechanik: man hat durch die willkürliche Verfügung, die in (2.5) formuliert worden ist, die Größe: Temperatur T aus der Wärmelehre hinwegdefiniert.

3. Begriffsbestimmungen I: Größe, Einheit, Zahlenwert, Maß, Dimension, Art und Dimension, Verhältnisgröße

Eine *physikalische Größe* ist ein Kennzeichen (eine Eigenschaft, ein Attribut, ein Merkmal) einer physikalischen Erscheinung, das quantitativ festgestellt werden kann.

[1] E. WARBURG, Über Wärmeleitung und andere ausgleichende Vorgänge, Berlin: Springer 1921.

Wir sprechen also nicht etwa erst dann von einer physikalischen Größe, nachdem die quantitative Festlegung getroffen worden ist, sondern schon dann, wenn es gesichert ist, daß diese möglich ist.

Es ist notwendig, zwischen den physikalischen Größen und den physikalischen Erscheinungen (Objekten, Vorgängen, Zuständen) deutlich zu unterscheiden. Physikalische Größen kommen in Formeln vor, weswegen man auch von Formelgrößen sprechen kann, physikalische Erscheinungen treten in der Natur auf. Zum Beispiel ist also ein Elektrizitätsatom keine physikalische Größe, eine Elementarladung keine physikalische Erscheinung. Natürlich hat keine Sprache Wörter genug, um in jedem Fall schon durch das Wort den Unterschied zwischen Erscheinung und Größe zum Ausdruck zu bringen[1]).

Notwendiges Kennzeichen des Begriffes „physikalische Größe" ist die *Vergleichbarkeit.* Hierunter wollen wir verstehen: es muß entscheidbar sein, ob eine Größe mit einer anderen gleichartig ist oder nicht, und Größen gleicher Art müssen miteinander quantitativ vergleichbar sein.

Man kommt zum Beispiel von dem *Begriff* der Länge, den auch das kleine Kind, der Naturmensch, hat, zu der physikalischen *Größe* „Länge" durch die Feststellung, daß von zwei betrachteten Längen die eine ein angebbares Vielfaches der anderen ist.

Der Charakter als physikalische Größe ist durch das Merkmal der Vergleichbarkeit gesichert. Hieraus folgt die überaus wichtige Tatsache, daß von Größen gesprochen werden kann, bevor Einheiten festgelegt sind. Eine beliebig gewählte Vergleichsgröße und eine festgelegte, konstante Einheit sind zwei verschiedene Begriffe. Der Begriff der physikalischen Größe hat also nicht etwa den Begriff der Einheit zur Voraussetzung.

Gleichartig sind zwei Größen dann, wenn physikalisch sinnvoll aus ihnen Differenzen oder Summen gebildet werden können[2]). Dann ist ihr Verhältnis eine reine (unbenannte) Zahl. (Die Seiten eines Recht-

---

[1]) Sowohl die Erscheinung, als auch die Größe wird bezeichnet durch die Wörter Masse, Kraft, Zeit, Länge, Temperatur und viele andere mehr. In der Elektrizitätslehre und der Elektrotechnik bemüht man sich um sprachliche Unterscheidung: ein Feld hat eine Feldstärke, ein Kondensator hat eine Kapazität, eine Spule hat eine Induktivität, ein Stromleiter hat einen Widerstand (Leitwert).

[2]) Eine Quelle von Fehlschlüssen und Verständigungsschwierigkeiten würde vermieden, wenn es gelingen könnte, Größen verschiedener Art nicht mit derselben Benennung und demselben Zeichen zu belegen. Es ist schon im 1. Abschnitt erwähnt worden, daß dieses Idealziel nicht erreicht werden kann. Wenn Größen definitionsweise ungleichartig sind und trotzdem dieselben Benennungen und Zeichen tragen, so führt die abgekürzte Redeweise, es handele sich um „verschiedene Definitionen derselben physikalischen Größe", leicht zu Mißverständnissen. In Wirklichkeit handelt es sich dabei immer um verschieden definierte Größen zur Kennzeichnung derselben physikalischen Erscheinung.

eckes und der Umfang eines Kreises sind Größen gleicher Art: sie können miteinander verglichen werden.)

Gleich *definierte* Größen sind immer Größen gleicher Art.

Unter *Definition* oder Ableitung verstehen wir hier die durch eine Gleichung ausdrückbare Zurückführung der Größe auf andere Größen. Diese nennen wir *Grundgrößen*, wenn sie ihrerseits nicht mehr auf andere Größen zurückgeführt, in diesem Sinn also nicht definiert werden. Das Merkmal der Vergleichbarkeit ist also entscheidend für die Grundgrößen. Ist es für diese erfüllt, so ist es auch für alle abgeleiteten Größen erfüllt. Grundgrößen gelten als definiert, wenn sie das Merkmal der Vergleichbarkeit aufweisen. In der großen Mehrzahl der Fälle wird eine Größe durch ein Potenzenprodukt aus den anderen abgeleitet (definiert); ein Zahlenfaktor kann hinzutreten.

Zur Definition einer physikalischen Größe gehört ein definierendes Meßverfahren. Es wird aber nicht durch jedes einzelne, von anderen unabhängige Meßverfahren notwendig eine neue, unabhängige Größe definiert[1]).

Eine *Einheit* einer Größe ist eine willkürlich ausgewählte, aber durch Vereinbarung festgelegte *konstante Bezugsgröße von derselben Art* wie die Größe[2]).

Aus einem Vergleich zweier Größen wird dadurch eine Messung, daß nicht eine für den einzelnen Fall beliebig angenommene Vergleichsgröße, sondern eine besondere, ausgewählte, konstante Bezugsgröße angewendet wird.

Zu unserem Begriff der Einheit gehört also entscheidend die Gleichartigkeit und die Festlegung, und in dieser unterscheidet sich die Einheit von der einfachen Vergleichsgröße.

Einheiten sind Konventionen. Sie bestimmen nicht die Naturgesetze. Eine vollkommene Beschreibung der physikalischen Zusammenhänge durch Gleichungen muß daher unabhängig sein von der Willkürlichkeit der Festsetzungen über die Einheiten.

Da somit nach Definition Größe und Einheit (Bezugsgröße) von gleicher Art sind, ist das Verhältnis eine reine (unbenannte) Zahl. Diese nennen wir „*Zahlenwert*“:

Größe geteilt durch Einheit gleich Zahlenwert (3.1)

oder umgestellt:

Größe gleich Einheit mal Zahlenwert. (3.2)

---

[1]) Durch die Messung einer elektrolytisch abgeschiedenen Substanzmenge, einer Wärmeentwicklung, einer elektrodynamischen oder einer elektromagnetischen Kraftwirkung werden nicht etwa vier Größen verschiedener Art definiert, deren Zusammenhänge nicht erkannt werden könnten, vielmehr sind dieses alles Wirkungen derselben physikalischen Erscheinung, mit denen man die physikalische Größe „Leitungsstrom“ messen kann.

[2]) J. C. MAXWELL: „a standard of reference“, Treatise . . ., Art. 1.

Man findet manchmal die Behauptung, der Ausdruck (3.2) sei die Definition des Begriffes „physikalische Größe". Diese Behauptung ist falsch. Wir haben oben hervorgehoben, daß der Begriff der physikalischen Größe an das Merkmal der Vergleichbarkeit gebunden ist, jedoch keineswegs die Definition des Begriffes der Einheit zur Voraussetzung hat.

Der Ausdruck (3.2) ist nicht die Definition, sondern die Rechenvorschrift. Wir schreiben

$$G = \{G\} \, [G] \tag{3.3}$$

und verstehen unter $\{G\}$ den Zahlenwert, unter $[G]$ die Einheit und unter G die Größe. In (3.2) und (3.3) kommt augenfällig die *Invarianz (Unempfindlichkeit) der Größe* gegen Wechsel der Einheit zum Ausdruck: wählt man eine p-mal größere Einheit, so verkleinert sich der Zahlenwert auf den p-ten Teil. Wird dieselbe Größe in zwei verschiedenen Einheiten gemessen (ausgedrückt, angegeben, dargestellt), so verhalten sich die Zahlenwerte umgekehrt zueinander wie die Einheiten, und dieses Verhältnis ist eine reine (unbenannte) Zahl.

Wir werden den Ausdruck „*allgemeine Größe*" benutzen, wenn gesagt werden soll, daß nicht eine spezielle Einheit und ein spezieller Zahlenwert gemeint ist, und wir werden von dem *besonderen Wert* einer (allgemeinen) Größe sprechen, wenn eine solche Angabe gemacht wird. Zum Beispiel sind die Geschwindigkeit v und die elektrische Spannung U allgemeine Größen, $v = 27$ km/h und $U = 220$ Volt sind spezielle Werte.

Um den Unterschied hervorzuheben, wird auch das Wort „*Größenart*" für „allgemeine Größe" benutzt. Der Ausdruck ist gerechtfertigt durch die Überlegung, daß die unendlich vielen denkbaren besonderen Werte, die eine allgemeine Größe annehmen kann, eine Gesamtheit von Individuen ausmachen, die in bestimmter Hinsicht gleichartig sind, so daß es vernünftig ist, eine solche Gesamtheit eine Größenart oder vielleicht noch deutlicher eine Größengattung zu nennen.

Für das Rechnen gilt, daß man alles das als Größe behandeln kann, was man als Produkt von Einheit und Zahlenwert ausdrücken kann und was die Bedingung der Invarianz gegen Einheitenwechsel erfüllt.

Von dem Begriff „Einheit" unterscheiden wir scharf den Begriff „*Maß*", indem wir festlegen: eine Größe G_2 kann ein eindeutiges Maß sein für eine andere Größe G_1, wenn der Quotient G_2/G_1 eine konstante Größe k ist, nicht ein Zahlenwert: $G_2 = G_1 \cdot k$.

Ein Lichtjahr ist ein Maß für eine Entfernung, weil die Lichtgeschwindigkeit eine konstante Größe ist (jedoch ist weder die Lichtzeit eine Länge, noch ist die Lichtgeschwindigkeit eine reine Zahl). Im leeren Raum kann die magnetische Induktion ein Maß für die magnetische Feldstärke in demselben Punkt sein, weil die Induktionskonstante eine konstante Größe ist (die Induktion ist deswegen nicht dieselbe Größe wie die Feldstärke, weil die Induktionskonstante eine Größe ist, nicht eine reine Zahl).

Weil wir unter „Maß“ und „Einheit“ ganz verschiedene Begriffe verstehen, vermeiden wir die sprachlichen Zwitterbildungen „Maßeinheit“ und „Maßzahl“.

Den Satz „die *Dimension* einer Größe angeben“ wollen wir so verstehen: angeben, wie die Größe als Potenzenprodukt von Grundgrößen gegebener (bestimmter) Art, jedoch von offen gelassenem (unbestimmtem) Betrag ausgedrückt wird. Dimensionsaussagen sind hiernach qualitative Aussagen, sie sind quantitativ unbestimmt. Die Dimension der Fläche zum Beispiel läßt nicht erkennen, ob die Größe „Fläche“ aus der Länge durch das Quadrat, den Kreis, die Kugeloberfläche oder eine andere geometrische Flächenfigur definiert ist.

Wir lehnen es deswegen ab, das Wort „Dimension“ gleichbedeutend mit „Einheit“ zu verstehen. Einheiten sind quantitativ bestimmte Größen, Dimensionen sind dies nicht[1])[2]).

In einer Dimensionsbeziehung hat darum das Gleichheitszeichen eine andere Bedeutung, als in einer mathematischen Gleichung: es bedeutet nur die qualitative Übereinstimmung.

Da Einheit und Dimension verschiedene Begriffe sind, kann nicht für beide dasselbe Symbol benutzt werden. Die eckigen Klammern sollten eindeutig und ausschließlich das Symbol für Einheiten sein: $[A]$ ist eine Einheit der Größe A. — Man kann im Druck für Dimensionsbeziehungen besondere Lettern[3]) anwenden: $\mathsf{A} = \mathsf{F}\,\mathsf{s}$ ist die Dimensionsbeziehung, die der Größengleichung $A = F\,s$ entspricht[4]).

---

[1]) Die bekannte „Dimensionsprobe“ für eine Gleichung beweist darum auch nicht, daß die Gleichung richtig ist, sondern sie zeigt, daß die Gleichung richtig sein kann.

[2]) Das Wort „Dimension“ wird in der physikalischen Literatur in verschiedenen Bedeutungen gebraucht, die zum Teil ineinander übergreifen. Hierüber zum Beispiel: J. Fischer, Phys. Z. 37 (1936) S. 122—123; M. Landolt, Bull. Schweiz. Elektrot. Ver. 41 (1950) S. 473—479; J. Wallot, Größengleichungen . . ., Paragraph 78—82.

[3]) In einfachen Fällen kann man auch das Symbol dim oder Dim vor das Formelzeichen der Größe setzen: dim A bedeutet: Dimension der Größe A. Dann ist es noch einfacher, das Formelzeichen der Größe mit einem besonderen Kennzeichen (zum Beispiel $\underline{A}$, A_*) zu benutzen und im Text zu erklären, was die Kennzeichnung bedeuten soll.

[4]) So zum Beispiel in: J. Fischer, Einführung in die klassische Elektrodynamik, Berlin: Springer 1936; U. Stille, Messen und Rechnen in der Physik, Braunschweig 1955, und andere. In dem Buch J. Fischers ist in Anlehnung an eine Abhandlung von H. v. Helmholtz das Wort „Dimension“ in „Benennung“ verdeutscht worden; dieser Vorschlag ist von anderen nur vereinzelt befolgt worden. In dieser Schrift benutzen wir das Wort „Benennung“ im Sinn von Name oder Namengebung.

Art und Dimension einer Größe sind nicht dasselbe. Es handelt sich nicht etwa um zwei verschiedene Wörter für denselben Begriff. Gleichdimensional, jedoch ungleichartig sind zum Beispiel Rauminhalt und Widerstandsmoment, Energie und Drehmoment, magnetische Flußdichte und Kehrwert der Elektronenbeweglichkeit im metallischen Leiter, Gittersteilheit einer Triode und Leitwert eines Stromleiters, Induktionskoeffizient und magnetischer Leitwert.

Besonders bei den Verhältnisgrößen („dimensionslosen Größen") ist man darauf angewiesen, die Art der Größe zu beachten (man kann z. B. nicht Winkel und Wirkungsgrade sinnvoll addieren).

Es ist demnach grundsätzlich verfehlt, aus der Dimension die Größe definieren zu wollen. Aus der Dimension kann man nicht eindeutig auf die Art der Größe schließen.

Die Dimension ist nur ein Teilmerkmal der Art. Ein anderes Merkmal ist der Tensorcharakter[1]). Aber auch die Angabe sowohl der Dimension als auch des Tensorcharakters kennzeichnet nicht immer vollständig die Art der Größe, wie einige der genannten Beispiele zeigen.

An Stelle der Dimensionsbeziehungen hat J. WALLOT die *allgemeinen Einheitengleichungen* eingeführt[2]). — Ihr erster Vorteil vor jenen besteht darin, daß sie unmittelbar und zwangläufig aus den Größengleichungen hervorgehen, wenn man in diesen schematisch nach (3.3) einsetzt; für die Dimensionsgleichungen gilt dieses nicht. Schreibt man beispielsweise in der allgemeinen Größengleichung $A = F\,s$ die Arbeit $A = \{A\}\,[A]$, die Kraft $F = \{F\}\,[F]$, die Wegstrecke $s = \{s\}\,[s]$, so erhält man durch algebraische Umstellung

$$[A] = \zeta\,[F]\,[s]; \tag{3.4}$$

hierin ist $\zeta = \{F\}\,\{s\}/\{A\}$ ein Zahlenfaktor. Gleichungen dieser Form, die also Zahlenfaktoren enthalten, sind ersichtlich die allgemeinste Form, die für Einheitenbeziehungen möglich ist. In einer *speziellen Einheitsgleichung* hat ζ einen bestimmten (speziellen) Wert. Im Fall $\zeta = 1$ nennt man die Einheiten der Einheitengleichung *kohärent* (oder auch: aufeinander abgestimmt). Aussagen dieser Art sind in den Dimensionsbeziehungen nicht enthalten: allgemeine Einheitengleichungen enthalten die Eignung zu quantitativen Aussagen, Dimensionsbeziehungen nicht.

---

[1]) „Charakter" bei M. LANDOLT, Größe, Maßzahl und Einheit, Zürich 1943, S. 42, und bei G. OBERDORFER, Die Maßsysteme in Physik und Technik, Wien 1956, S. 106—107. — Skalare, Vektoren, Tensoren (schlechthin) sind in dieser Reihenfolge Tensoren nullter, erster, zweiter Stufe.

[2]) J. WALLOT, Elektrot. Z. 43 (1922) S. 1329—1333 und 1381—1386; Handbuch der Physik, herausgegeben von H. GEIGER und K. SCHEEL, Bd. II, Kap. 1, S. 1—41, Berlin 1926; Größengleichungen, Einheiten und Dimensionen, 1. Aufl., Leipzig 1953, 2. Aufl., Leipzig 1957, Paragraph 33.

Vergleicht man die allgemeine Einheitengleichung (3.4) mit der entsprechenden Dimensionsbeziehung, so kann man sagen: eine Dimensionsbeziehung enthält die qualitative Aussage der allgemeinen Einheitengleichung. (Diese Auffassung widerspricht nicht dem, was oben über „Dimension" gesagt wurde, denn Einheiten sind nach Definition Bezugsgrößen derselben Art.)

Wer größenmäßiges Rechnen bevorzugt, kommt von selbst dazu, den Einheitengleichungen den Vorrang vor den Dimensionsbeziehungen zu geben. Mit Einheitengleichungen kann man quantitativ rechnen, aus Dimensionsbeziehungen kann man kein quantitatives Ergebnis erhalten.

Natürlich kann auch aus der Einheit nicht die Größe definiert werden. Beim Übergang von der Größengleichung, die eine Größe definiert, zu der zugehörigen allgemeinen Einheitengleichung geht ein Teil der Merkmale der definierten Größe verloren (Vorzeichen, Richtungssinn, Tensorcharakter und andere mehr). Die allgemeine Einheitengleichung ist eine notwendige Folge der definierenden Größengleichung, aber sie reicht zur Definition der Größe nicht aus. (Aus den Definitionsgleichungen des Volumens und des Widerstandsmoments folgt für beide dieselbe Einheitengleichung, aber es ist grundsätzlich unmöglich, aus dieser die eine oder die andere Größe zu definieren.)

Wir wenden uns noch der gelegentlich geäußerten Ansicht zu, das *Auftreten gleicher Dimensionen* in einer Gruppe von n Größen ungleicher Art sei ein Hinweis darauf, daß die Anzahl g der unabhängigen Grundgrößen zu klein sei. Hierzu: Dimensionen sind Potenzenprodukte von der Form

$$A = G_1^{\alpha_1} \cdot G_2^{\alpha_2} \cdot \ldots \cdot G_\nu^{\alpha_\nu} \cdot \ldots \cdot G_g^{\alpha_g}. \tag{3.5}$$

Ist g die Anzahl der Basen und ist u_ν die Anzahl der voneinander verschiedenen möglichen Werte des Exponenten α_ν mit $\nu = 1, 2 \ldots g$, so ist die Gesamtzahl S der voneinander verschiedenen Potenzenprodukte der angegebenen Form das Produkt der u_ν aus g Faktoren:

$$S = S(g, u_\nu) = u_1 \cdot u_2 \cdot \ldots \cdot u_g, \tag{3.6}$$

und darin eben liegt die Schwäche der erwähnten Vermutung: die Gesamtzahl S wird nicht nur durch die Anzahl g der Basen, sondern auch durch die möglichen Werte u_ν der g Exponenten bestimmt. (Nehmen wir beispielsweise $g = 4$ voneinander unabhängige Größen, also Basen, an und setzen übersichtshalber die möglichen Werte u_ν der 4 Exponenten gleich, so wird $S = 81$, 256, 625 für $u_\nu = 3, 4, 5$. Die Anzahl n der Größen, mit denen man auskommt, ist im allgemeinen kleiner, als diese Zahlen S, die Anzahlen u_ν, die in Betracht gezogen werden müssen, sind dagegen oft größer.)

Auch der andere Umstand, daß bei gewissen Anzahlen g von Grundgrößen, wenn diese in bestimmter Weise ausgewählt werden, in den Dimensionen gewisse Symmetrien erkennbar werden, ist wohl kaum in physikalischer Hinsicht ein ausreichender Grund dafür, eine bestimmte Anzahl von Grundgrößen zu fordern und andere Anzahlen zu verwerfen.

Verhältnisgrößen (dimensionslose Größen, Größen von der Dimension 1) entstehen, wenn eine Größe durch eine gleichartige Größe dividiert wird (Beispiel: der ebene Winkel als das Verhältnis zweier Längen, der Wirkungsgrad als das Verhältnis zweier Leistungen, die „dimensionslosen Kenngrößen" der technischen Wärmelehre, der Aero- und Hydromechanik). Verhältnisgrößen sind immer abgeleitete Größen. In noch stärkerem Maße, als bei den anderen physikalischen Größen, ist bei den Verhältnisgrößen die Art und nicht die Dimension das entscheidende Merkmal (der ebene Winkel und die Dehnung werden beide durch das Verhältnis zweier Längen dargestellt, sie sind gleichdimensionale, aber nicht gleichartige Größen). Hat man in einer Verhältnisgröße das Verhältnis der Einheit des Zählers zu der des Nenners eingesetzt (zum Beispiel m/m = 1, kW/kW = 1, cal/Joule ≈ 4,187), so erscheint die Verhältnisgröße als reine (unbenannte) Zahl. Die Verhältnisgröße hat jedoch das entscheidende Merkmal der Größe, invariant zu sein gegen Wechsel der Einheiten des Dividenden und des Divisors: man erhält denselben Winkel, ob man den Kreisbogen und den Radius in cm oder in Zoll mißt, aber auch dann, wenn man den Kreisbogen in cm, den Radius in Zoll mißt. Der Gang einer Uhr ist derselbe, ob man ihn als 5 s im Tag oder als (7/12) min in der Woche angibt (bei Wechsel der Einheit verhalten sich die Zahlenwerte umgekehrt zueinander, wie die Einheiten). Das Verhältnis der Einheit des Zählers zu der des Nenners ist die Einheit der Verhältnisgröße.

Ein und dieselbe Verhältnisgröße kann, wie die Beispiele gezeigt haben, in verschiedenen Formen auftreten: in der einen Form ist das Verhältnis der Einheit des Zählers zu der des Nenners, also die Einheit der Verhältnisgröße, gleich eins, in der anderen Form verschieden von eins. Bei beiden Formen kann es zu Unklarheiten und zu Mißverständnissen führen, wenn man, was nahe liegt, die Einheit der Verhältnisgröße nicht mit anschreibt. Die Angabe eines Winkels beispielsweise ist unmißverständlich, wenn man die Einheit m/m = m^0, die Radiant (rad) genannt wird, mit anschreibt. Manche von eins verschiedene Einheiten von Verhältnisgrößen sind durchaus gebräuchlich, zum Beispiel die Einheit $1° = (\pi/180)\ m^0$ des Winkels und die Einheit kW/100 kW = 1% des Wirkungsgrades. Bei den „dimensionslosen Kenngrößen" dagegen, die Potenzenprodukte aus m e h r e r e n physikalischen Größen sind, dient es meist der Klarheit, sie so anzugeben, daß die Einheit nicht von eins verschieden ist[1]).

Eine Verhältnisgröße, deren Einheit 1 ist (zum Beispiel Radiant, Steradiant, $(\mathrm{kW})^0$), ist gleichartig mit jedem Vielfachen jeder Potenz von ihr in dem Sinn, daß sinnvoll Summen und Differenzen gebildet werden können. Man kann also Potenzreihen solcher Verhältnisgrößen bilden und damit mathematische Funktionen von Verhältnisgrößen darstellen (zum Beispiel Winkelfunktionen, Logarithmen)[2]).

Es ist notwendig, den Begriff der Verhältnisgröße fest zu umgrenzen. Soll man zum Beispiel ein Einheitenverhältnis, etwa cal/J $\approx$ 4,187 oder kp · m/J $\approx$ 9,81 als Verhältnisgröße bezeichnen? Man wird diese Frage verneinen, denn bei einem Einheitenverhältnis kann man nicht gut von der Invarianz gegen Wechsel der Einheiten sprechen. — Den Zahlenwert einer Größe haben wir in (3.1) als das Verhältnis der Größe zur gewählten Einheit angegeben. Ist darum der Zahlenwert eine Verhältnisgröße? Er ist das nicht, denn die Einheit ist nach Definition eine konstante Bezugsgröße von festem Betrag; in einer Verhältnisgröße dagegen ist nicht etwa der Nenner die Einheit des Zählers; der Nenner ist nicht eine konstante Bezugsgröße von festem Betrag, sondern er ist nur eine mit dem Zähler gleichartige Größe.

4. Begriffsbestimmungen II: Größengleichungen, allgemeine Größengleichungen, zugeschnittene Größengleichungen, Einheitengleichungen, Einheitensysteme, Zahlenwertgleichungen

Größengleichungen sind Gleichungen, in denen die Formelzeichen physikalische Größen bedeuten, soweit sie nicht als mathematische Zahlzeichen oder als Symbole mathematischer Funktionen und Operationen erklärt sind.

Mathematische Zahlzeichen sind nicht nur die Ziffern, sondern auch zum Beispiel π, e, $j = \sqrt{-1}$. Symbole mathematischer Operationen sind zum Beispiel die Zeichen für Differential, Summe, Produkt.

Größengleichungen gelten daher unabhängig von der Wahl der Einheiten für die Größen.

---

[1]) Als einfaches Beispiel werde die „dimensionslose Kenngröße" $K := \varepsilon^2 \cdot T/\lambda\,\varrho$ erwähnt, die in der Theorie der metallischen Thermoelemente vorkommt. ε ist die thermoelektrisch hervorgebrachte Leerlaufspannung, geteilt durch die Temperaturdifferenz, $\lambda\,\varrho/T$ ist die WIEDEMANN-FRANZ-LORENZsche Konstante. Man gibt gerne ε in μV/grd an, λ in cal/s · cm · grd, ϱ in Ω cm, T in grd. Dann erhält man K in 10^{-12} J/cal $\approx 0{,}2388 \cdot 10^{-12}$. Aber diese Einheit ist in physikalischer Hinsicht nichtssagend, denn sie ist nur das Ergebnis der willkürlich gewählten Einheiten der Einzelgrößen. Sinnvoller ist es, K in der Einheit J/J = 1 anzugeben und erforderlich ist es auf alle Fälle, die Einheit anzuschreiben.

[2]) Über Verhältnisgrößen siehe A. HOCHRAINER, Elektrot. Z. (A) 81 (1960) H. 8; G. OBERDORFER, Elektrot. u. Masch.bau 76 (1959) S. 599—603.

Allgemeine Größengleichungen sind Größengleichungen, die allgemein gelten. In allgemeinen Größengleichungen ist also für keine der Größen ein spezieller Wert (als Produkt: spezieller Zahlenwert mal spezielle Einheit) eingesetzt. Enthält eine allgemeine Größengleichung einen Zahlenfaktor, so ist dieser immer die Folge einer Definition oder einer mathematischen Operation. Wir nennen solche Zahlen „abstrakte" Zahlen. Sie gehören der Präzisionsmathematik an (sie sind absolut genau). Sie können häufig als Verhältnisgrößen ausgelegt werden (zum Beispiel die Zahl 4π als Verhältnis der Oberfläche einer Kugel zum Quadrat ihres Radius, die Zahl 1/2 als Verhältnis der Fläche eines Dreiecks zur Fläche eines Rechtecks gleicher Höhe und Grundlinie). Es ist ein entscheidendes Kennzeichen allgemeiner Größengleichungen, daß sie einen empirisch gewonnenen Zahlenfaktor nicht enthalten können.

Es ist von größter theoretischer und praktischer Tragweite, daß durch allgemeine Größengleichungen physikalische Zusammenhänge dargestellt werden können ohne Bezugnahme auf irgendwelche Einheiten, also auch ohne daß irgendwelche Einheiten zuvor festgesetzt worden sind. Diese Tatsache und ihre Bedeutung hat als erster WALLOT erkannt. Aus den Größen folgen über die Einheiten die Zahlenwerte, aber nicht umgekehrt.

Die allgemeinen Größengleichungen sind darum das vollkommenste Hilfsmittel für die Darstellung physikalischer Zusammenhänge.

Definitionsgleichungen sind immer allgemeine Größengleichungen (definierende Größengleichungen).

Rechnen mit Größengleichungen: In Größengleichungen werden die Formelzeichen, die Größen bedeuten, als Produkte: Zahlenwert mal Einheit eingesetzt. Hat zum Beispiel die Größengleichung die Form eines Potenzenproduktes $G_1^{x_1} \cdot \ldots \cdot G_n^{x_n} = X$, so ergibt sich die Größe X als Produkt aus Zahlenwert mal Einheit, wenn die anderen n Größen als solche Produkte eingesetzt werden.

Beispiele: Die Gleichungen $W = m\,v^2/2$ für die kinetische Energie und $\omega = 2\pi\,f$ für die Kreisfrequenz sind allgemeine Größengleichungen, den Zahlenfaktor 1/2 kann man als Folge einer Integration verstehen, den Zahlenfaktor 2π als Folge der Definition. — Definitionsgleichungen wie $a = l^2$ für die Fläche, $\tau = l^3$ für das Volumen, $\varphi = b/r$ für den Winkel, $\omega = a/r^2$ für den Raumwinkel, $v = dl/dt$ für die Geschwindigkeit sind allgemeine Größengleichungen. — Gilt für ein Rechteck $b = 2h/3$, so ist das eine Größengleichung, aber keine allgemeine, denn der Zahlenfaktor 2/3 beschreibt einen Einzelfall. — Wird für einen elektrischen Zweipol der Zusammenhang zwischen Klemmenspannung U und Stromstärke I als Potenz gefunden: $U = k\,I^\gamma$, so kann diese Gleichung als Größengleichung verstanden werden, sie ist jedoch keine allgemeine Größengleichung, wenn der Exponent γ für einen Einzelfall oder einen beschränkten Betriebsbereich empirisch gefunden worden ist. Wird die angeschriebene Gleichung als Größengleichung aufgefaßt, so ist k nicht eine reine Zahl, sondern eine physikalische Größe. Man kann also auch empirisch gefundene Sachverhalte, nicht etwa nur allgemein gültige physikalische Zusammenhänge, durch Größengleichungen darstellen.

Zugeschnittene Größengleichungen. Beim Rechnen mit Größengleichungen ergibt sich die Einheit der letzten Größe aus den vorgegebenen Einheiten aller anderen Größen; die Einheit, die sich ergeben hat, muß gegebenenfalls in eine andere, gewünschte Einheit umgerechnet werden. An Stelle davon kann man die Größengleichung selbst umformen, indem man sie durch eine zugehörige Einheitengleichung dividiert.

Teilt man zum Beispiel die allgemeine Größengleichung $v = s/t$ durch die Identität $\mathrm{km/h} = \frac{\mathrm{km}}{\mathrm{h}}$, so entsteht

$$\frac{v}{\mathrm{km}/h} = \frac{s/\mathrm{km}}{t/\mathrm{h}},$$

teilt man sie durch die Einheitengleichung $\mathrm{cm/s} = 0{,}036 \cdot \mathrm{km/h}$, so erhält man

$$\frac{v}{\mathrm{cm/s}} = 27{,}8\,\frac{s/\mathrm{km}}{t/\mathrm{h}}.$$

Eine Gleichung, wie die erste, wird man allerdings praktisch nicht hinschreiben; die Einheiten km, h und km/h sind kohärent, daher sieht man sofort, daß man für die Formelzeichen die Zahlenwerte einsetzen kann. An der zweiten Gleichung erkennt man den praktischen Nutzen der zugeschnittenen Größengleichungen. — Die Selbstinduktivität L einer Leitung aus gleich dicken, parallelen Runddrähten, deren Radius r klein ist gegenüber dem Abstand b der Drahtachsen, ist im Vakuum gegeben durch

$$L = \frac{\mu_0 l}{\pi} \ln \frac{b}{r};$$

hierin ist l die Länge eines Drahtes, μ_0 die Induktionskonstante. Hieraus ergibt sich die für den praktischen Gebrauch zugeschnittene Größengleichung

$$\frac{L}{\mathrm{mH}} = \frac{l}{\mathrm{km}} \cdot 0{,}920\ {}_{10}\log\left(\frac{b/\mathrm{cm}}{r/\mathrm{cm}}\right);$$

mH Millihenry.

Zugeschnittene Größengleichungen sind immer dann vorteilhaft, wenn die vorgegebenen Einheiten nicht kohärent sind und wenn mit der Gleichung öfter gerechnet wird. Bei der zugeschnittenen Größengleichung ist die Umrechnung der Einheiten ein für allemal durchgeführt, während man beim unmittelbaren Einsetzen in die nicht zugeschnittene Größengleichung in jedem einzelnen Fall umrechnen muß.

Die allgemeinen Größengleichungen sind das vollkommenste Hilfsmittel für die Darstellung allgemeiner physikalischer Sachverhalte, weil sie nicht abhängen von der Wahl und der Festsetzung der Einheiten. Ebenso sind die zugeschnittenen Größengleichungen das vollkommenste Hilfsmittel für die Praxis des Rechnens, weil sie gestatten, in jedem einzelnen Fall und für jede einzelne Größe gewünschte (bequeme, anschauliche) Einheiten zu benutzen, sie sind völlig frei von dem Zwang, der in der Anwendung eines Systemes von Einheiten liegt.

In der zugeschnittenen Größengleichung stellt jeder Bruch: Größe durch Einheit den Zahlenwert bei Benutzung der angegebenen Einheit dar. Aber die Gleichung bleibt richtig, wenn man für die Formelgrößen die Produkte aus Zahlenwert und Einheit in anderen Einheiten einsetzt, als den angeschriebenen; es ergeben sich dann nur zusätzliche Umrechnungen von Einheiten.

In den zugeschnittenen Größengleichungen bedeuten die Formelzeichen Größen, und die Gleichungen gelten unabhängig von der Wahl der Einheiten, sie sind daher in der Tat Größengleichungen und nicht etwa Zahlenwertgleichungen.

Einheitengleichungen sind Gleichungen, die zwischen Einheiten bestehen (sie sind also Größengleichungen, denn Einheiten sind Größen). Wir haben den Begriff der *allgemeinen Einheitengleichung* im 3. Abschnitt eingeführt. Eine *spezielle Einheitengleichung* besteht zwischen speziellen Einheiten. Viele Einheitengleichungen enthalten Zahlenfaktoren, die von eins verschieden sind; im allgemeinen schreibt man Einheitengleichungen so, daß der Zahlenfaktor auf der einen Seite des Gleichheitszeichens gleich 1 wird. Den von eins verschiedenen Zahlenfaktor nennt man den Umrechnungsfaktor.

Einheiten heißen *kohärent* (oder aufeinander abgestimmt), wenn in der sie verknüpfenden Einheitengleichung der Zahlenfaktor exakt 1 ist.

Beispiele: 500 cm = 5 m, 1 m = 100 cm, 1 cal = 4,1868 J, 1 N = 1 kg · m/s². Die Einheiten N, kg, m, s sind miteinander kohärent.

Zur Ausdrucksweise: Besteht zwischen zwei verschiedenen Einheiten derselben Größe die Beziehung

$$[G]_1 = \zeta\,[G]_2\,,$$

so hindert nichts daran, zu sagen: „die Einheit $[G]_1$ ist ζ-mal so groß wie die Einheit $[G]_2$.“ Aber man wird im gegebenen Zusammenhang nicht gern den Ausdruck „Größe einer Einheit“ bilden. Wir sprechen in diesem Sinne von dem *Betrag* einer Einheit. (Die Einheit $[G]_1$ hat den ζ-fachen Betrag von $[G]_2$.) — In der Einheitenlehre haben die Wörter: Betrag, rational, nichtrational andere Bedeutungen als in der Mathematik.

Ein *Einheitensystem* ist ein Satz von Einheiten, die aus gegebenen Grundeinheiten in bestimmter Weise abgeleitet werden, und zwar so, daß die Zahlenfaktoren in den Einheitengleichungen festgesetzte, also absolut genaue Zahlen sind. (Die vorgegebenen, unabhängigen Grund-

oder Ausgangseinheiten gehören ebenfalls zum System). Zum Beispiel gehören das Meter und das Kilometer dem System der metrischen Einheiten an, denn die Zahl m/km = 10^{-3} ist absolut genau.

Ein *kohärentes Einheitensystem* ist dadurch gekennzeichnet, daß in allen Einheitengleichungen die Zahlenfaktoren exakt 1 sind. Kohärente Systeme hat man früher entschieden bevorzugt. Aber es ist heute nicht mehr möglich, die Forderung ausnahmsloser Kohärenz als Bedingung dafür anzusehen, daß von einem System gesprochen werden darf.

Die Bedeutung der Kohärenz wird oft überschätzt. Die Kohärenz ist für theoretische Darstellungen übersichtlich und für das Gedächtnis bequem, in der Praxis ist sie nicht entscheidend. In der Mehrzahl der Fälle rechnet man praktisch leichter und besser mit zugeschnittenen Größengleichungen, als mit kohärenten Einheiten.

Zahlenwertgleichungen sind Gleichungen, in denen die Formelzeichen Zahlenwerte bedeuten[1]), also Verhältnisse: Größe durch Einheit. Die Zahlenwertgleichungen sind einfacher als die Größengleichungen, sie erhalten jedoch erst dadurch eine bestimmte Bedeutung, daß die zugehörigen (zugrunde gelegten) Einheiten angegeben werden. (Im Gegensatz zur Zahlenwertgleichung hat eine Einheitengleichung immer eine in sich selbst verständliche Bedeutung.) Bilden die zugehörigen Einheiten ein System, so nennt man die Zahlenwertgleichungen auch Systemgleichungen.

In einer Zahlenwertgleichung bedeuten die Formelzeichen Zahlenwerte, in einer Größengleichung bedeuten sie Größen. Man kann also unter Umständen einem und demselben Gleichungsbild die eine oder die andere Deutung geben. Es muß daher ein zusätzlicher Hinweis gegeben werden, durch den Verwechslungen ausgeschlossen werden, wenn anders man nicht gegen die einfachsten Regeln verständlicher Darstellung verstoßen will[2]).

5. Die Wallotsche Verknüpfungsbeziehung

Wir gehen aus von einer allgemeinen Größengleichung der Form

$$A = Z \cdot G_1^{\alpha_1} \cdot G_2^{\alpha_2} \cdot \ldots \cdot G_n^{\alpha_n}; \tag{5.1}$$

in ihr bedeuten A, $G_1 \ldots G_n$ physikalische Größen, die Exponenten

---

[1]) Ausgenommen die Symbole mathematischer Operationen.

[2]) Man kann zum Beispiel die Wörter „Größengleichung" und „Zahlenwertgleichung" zusetzen, man kann auch den Zahlenwert besonders kennzeichnen, etwa $\{G\}$ oder auch $\bar{G}$ für den Zahlenwert der Größe G schreiben. Man kann oft die Darstellung so gestalten, daß aus dem Zusammenhang zweifelsfrei hervorgeht, ob eine Größengleichung oder eine Zahlenwertgleichung gemeint ist. Dagegen ist es nicht üblich geworden, die Bedeutung eines Formelzeichens als Größe besonders zu kennzeichnen.

$\alpha_1 \ldots \alpha_n$ sind Zahlen, Z ist der abstrakte Zahlenfaktor (zum Beispiel $Z = 1/2$ in der Größengleichung $W = m\,v^2/2$). Wir schreiben die allgemeine Größengleichung aus in

$$\{A\}\,[A] = Z \cdot \{G_1\}^{\alpha_1} \cdot \ldots \cdot \{G_n\}^{\alpha_n} \cdot [G_1]^{\alpha_1} \cdot \ldots \cdot [G_n]^{\alpha_n}. \qquad (5.2)$$

Nach Division dieser Gleichung durch die Zahl $Z \cdot \{G_1\}^{\alpha_1} \cdot \ldots \cdot \{G_n\}^{\alpha_n}$ steht auf der linken Seite die Größe $[A]$ multipliziert mit einem Zahlenfaktor, der im allgemeinen Fall verschieden von Z und von 1 ist; wir nennen ihn $1/\zeta$. Wir haben also erhalten

$$[A] = \zeta \cdot [G_1]^{\alpha_1} \cdot \ldots \cdot [G_n]^{\alpha_n} \qquad (5.3)$$

als zugehörige Einheitengleichung mit dem Umrechnungsfaktor ζ. Dividieren wir die allgemeine Größengleichung durch die zugehörige Einheitengleichung, so bleibt die Zahlenwertgleichung

$$\{A\} = z \cdot \{G_1\}^{\alpha_1} \cdot \ldots \cdot \{G_n\}^{\alpha_n} \qquad (5.4)$$

übrig, in der z die Bedeutung hat $z = Z/\zeta$, also ein Zahlenfaktor ist.

Die Beziehung

$$Z = z\,\zeta, \qquad (5.5)$$

die zwischen dem Zahlenfaktor Z der allgemeinen Größengleichung, dem Umrechnungsfaktor ζ der zugehörigen Einheitengleichung und dem Zahlenfaktor z der zugehörigen Zahlenwertgleichung bestehen muß, hat zuerst WALLOT angegeben und in ihrer Bedeutung erkannt[1]). Wir nennen sie die *Wallotsche Verknüpfungsbeziehung*. Sie erweist sich als ein außerordentlich wirksames Werkzeug und erlaubt wichtige Aussagen:

Aus der Verknüpfungsbeziehung geht hervor, daß nicht etwa die Zahlenwertgleichungen (z) von den Einheitengleichungen (ζ) allein abhängen und umgekehrt, wie früher oft geglaubt wurde, sondern daß die Größengleichungen (Z) an dem Zusammenhang maßgebend beteiligt sind; nur indem man diese mitberücksichtigt, kommt man zu eindeutigen Aussagen.

Aus der Verknüpfungsbeziehung lassen sich sofort folgende Schlüsse ziehen:

Ist $\zeta = 1$, sind also die Einheiten kohärent, so ist $z = Z$, die Zahlenwertgleichung und die Größengleichung haben die gleiche Form. Für diese Gleichheit der Form ist die Kohärenz der Einheiten die notwendige und hinreichende Bedingung. — Wird die Kohärenz der Einheiten gefordert, so ist es nicht möglich, die Größengleichung und die Zahlenwertgleichung verschieden zu schreiben (zum Beispiel die Größengleichung rational, die Zahlenwertgleichung nichtrational). Hält man an einer

---

[1]) J. WALLOT, Arch. f. Elektrot. 40 (1952) S. 37—42; Größengleichungen ..., Paragraph 35.

bestimmten Form der Zahlenwertgleichung (zum Beispiel der nichtrationalen Form) und an einer davon verschiedenen Form der Größengleichung (zum Beispiel der rationalen Form) fest, so können die Einheiten nicht kohärent sein. Wir werden hierauf im 25. Abschnitt zurückkommen.

Ist $z = 1$ in der Zahlenwertgleichung, also $\zeta = Z$, so ist der Umrechnungsfaktor in der Einheitengleichung gleich dem Zahlenfaktor in der allgemeinen Größengleichung und daher eine abstrakte Zahl.

Ist schließlich $Z = 1$ in der Größengleichung, so ist $z = 1/\zeta$, dann ist also der zusätzliche Zahlenfaktor in der Zahlenwertgleichung gleich dem Kehrwert des Umrechnungsfaktors in der Einheitengleichung.

Die Verknüpfungsbeziehung ermöglicht auch die übersichtliche und zwangläufige Darstellung der Sachverhalte, die bei Paralleldefinitionen von Größen auftreten.

6. Verknüpfungsbeziehung und Paralleldefinitionen von Größen

Von *Paralleldefinitionen zweier Größen* sprechen wir, wenn für dieselbe physikalische Erscheinung zwei Größen definiert werden, die sich voneinander nur um einen Faktor unterscheiden, der eine abstrakte Zahl ist.

Als Beispiele für Paralleldefinitionen können gelten: die Amplitude und der Effektivwert einer sinusförmig schwingenden Größe, die Frequenz und die Kreisfrequenz derselben Erscheinung, die rational und die nichtrational definierte magnetische Feldstärke.

1. Die Amplitude $\hat{u}$ einer sinusförmig schwingenden Spannung und ihr Effektivwert u_{eff} sind miteinander verknüpft durch die Größengleichung

$$\hat{u} = u_{\text{eff}} \sqrt{2}. \tag{6.1}$$

Mit dieser Beziehung zwischen den Größen ist jedoch noch nichts festgelegt über die Beziehungen zwischen den Einheiten und nichts über die Beziehungen zwischen den Zahlenwerten. Man kann an zwei Möglichkeiten denken:

a) Man setzt die Einheitenbeziehung fest

$$[\hat{u}] = [u_{\text{eff}}] \sqrt{2}, \tag{6.2}$$

dann sind die Zahlenwerte einander gleich:

$$\{\hat{u}\} = \{u_{\text{eff}}\}, \tag{6.3}$$

denn in der Größengleichung (6.1) ist $Z = \sqrt{2}$, in der Einheitengleichung (6.2) ist $\zeta = \sqrt{2}$, daher muß in der Zahlenwertgleichung (6.3) sein $z = Z/\zeta = 1$.

b) Man mißt $\hat{u}$ und u_{eff} in der gleichen Einheit:

$$[\hat{u}] = [u_{\text{eff}}], \tag{6.4}$$

dann besteht für die Zahlenwerte die Beziehung

$$\{\hat{u}\} = \{u_{\text{eff}}\} \sqrt{2}\,, \tag{6.5}$$

denn in (6.1) ist $Z = \sqrt{2}$, in (6.4) ist $\zeta = 1$, daher ist in (6.3) $z = Z/\zeta = \sqrt{2}$.

Man könnte also daran denken (a), die Amplitude $\hat{u}$ in einer Spannungseinheit 1 V_s, den Effektivwert u_{eff} dagegen in einer anderen Spannungseinheit

$$1\ V_{\text{eff}} = V_s/\sqrt{2} \tag{6.2a}$$

zu messen; dann wären die Zahlenwerte für die Amplitude und den Effektivwert derselben Sinusspannung einander gleich (6.3). Im Gegensatz zu dieser Möglichkeit ist es ausschließlich üblich, die Amplitude und den Effektivwert in derselben Spannungseinheit, zum Beispiel 1 V, zu messen (b). Dann stehen die Zahlenwerte von Amplitude und Effektivwert zueinander im Verhältnis $\sqrt{2} : 1$. Die Einheiten der beiden Größen sind kohärent ($\zeta = 1$ in (6.4)), daher hat die Zahlenwertgleichung (6.5) dieselbe Form wie die Größengleichung (6.1).

Wenn man in der Angabe eines Effektivwertes die Spannungseinheit nicht einfach 1 V schreibt, sondern 1 V_{eff}, so bedeutet dieser Index am Einheitenzeichen nicht, daß es sich um eine Spannungseinheit handelt, die von 1 V verschieden ist, vielmehr bedeutet der Index am Einheitenzeichen lediglich einen Hinweis auf die besondere physikalische Größe[1]), hier also darauf, daß der Effektivwert einer Spannung angegeben wird:

$$1\ V_{\text{eff}} = 1\ V. \tag{6.4a}$$

2. Parallel zu der Frequenz f einer Sinusschwingung definiert man die Kreisfrequenz ω; es besteht die Größengleichung

$$\omega = 2\pi f. \tag{6.6}$$

Auch hier hat man zwischen verschiedenen Möglichkeiten eine Entscheidung zu treffen:

a) Man kann Gleichheit der Zahlenwerte verlangen:

$$\{\omega\} = \{f\}, \tag{6.7}$$

dann muß zwischen den Einheiten die Beziehung bestehen

$$[\omega] = 2\pi\,[f]; \tag{6.8}$$

---

[1]) Es ist nicht ungebräuchlich, durch eine Kennzeichnung der Einheit auf die besondere Größe hinzuweisen, die angegeben oder gemessen wird (z. B. ata und atü, ferner Watt, Voltampere, Var). Aber man sollte dieses Vorgehen auf die seltenen Fälle beschränken, in denen es zwingend notwendig erscheint, anderenfalls erhält man nur eine verwirrende Vielfalt von Sonderzeichen, man fördert dann nicht, sondern man hemmt die Allgemeinverständlichkeit.

mißt man die Frequenz in der Einheit 1/s, so muß man die Kreisfrequenz in der Einheit 2π/s messen, um Gleichheit der Zahlenwerte zu haben. (In der Größengleichung (6.6) ist $Z = 2\pi$, in der Zahlenwertgleichung (6.7) ist $z = 1$, daher muß in der Einheitengleichung (6.8) sein $\zeta = Z/z = 2\pi$.)

b) Verlangt man Gleichheit der Einheiten:

$$[\omega] = [f], \tag{6.9}$$

so unterscheiden sich die Zahlenwerte um den Faktor 2π:

$$\{\omega\} = 2\pi\,\{f\}. \tag{6.10}$$

($Z = 2\pi$ in (6.6) und $\zeta = 1$ in (6.9) ergibt $z = Z/\zeta = 2\pi$ in (6.10); Kohärenz der Einheiten ergibt die Zahlenwertgleichung in derselben Form wie die Größengleichung.)

Dies ist die übliche Festsetzung. Wenn man für diese, wie es gleichfalls üblich ist, die Einheit der Frequenz 1 Hertz schreibt, so bedeutet das wiederum nicht (vergleiche (6.4a)), daß die Einheiten $1\,[\omega]$ und $1\,[f]$ voneinander verschieden wären, vielmehr gilt

$$1\ \text{Hertz} = 1/\text{s}, \tag{6.9a}$$

der Name Hertz stellt lediglich einen Hinweis auf die besondere physikalische Größe dar, hier also darauf, daß ein Wert der Frequenz und nicht der Kreisfrequenz angegeben wird.

c) Hält man an der Beziehung der Zahlenwerte fest

$$\{\omega\} = 2\pi\,\{f\}, \tag{6.11}$$

so muß die Gleichung zwischen den Größen sein

$$\omega = 2\pi f, \tag{6.12}$$

wenn man die Kreisfrequenz und die Frequenz in der gleichen Einheit mißt:

$$[\omega] = [f]. \tag{6.13}$$

(In (6.11) wird $z = 2\pi$ und in (6.13) wird $\zeta = 1$ vorausgesetzt, daher ist $Z = z\,\zeta = 2\pi$ in (6.12).)

d) Fordert man, daß die Kreisfrequenz und die Frequenz ein und dieselbe Größe seien, beschränkt man sich also auf *eine* Größendefinition:

$$\omega = f \tag{6.14}$$

und hält an der Zahlenwertgleichung (6.11) fest, so sind notwendig die Einheiten voneinander verschieden:

$$[\omega] = [f]/2\pi. \tag{6.15}$$

(In (6.14) wird $Z = 1$ und in (6.11) wird $z = 2\pi$ vorausgesetzt, daher ist $\zeta = Z/z = 1/2\pi$ in (6.15).)

In den Fällen 1 und 2 hat man sich also unter den verschiedenen Möglichkeiten für die eine entschieden, daß die Einheiten der voneinander verschiedenen Größen gleich sein sollen. Daher unterscheiden sich die Zahlenwerte voneinander.

In anderen Fällen ist man jedoch im Gegenteil davon ausgegangen, daß die Zahlenwerte der voneinander verschiedenen Größen dieselben sein sollen. Dann müssen sich die Einheiten voneinander unterscheiden. Wir zeigen das an dem Beispiel der Einheit Oersted der magnetischen Feldstärke (Erregung) im 25. Abschnitt.

7. Erfahrungssätze und eigentliche Definitionen. Methodische Grundlagen der Größenlehre

Im 1. Abschnitt war gesagt worden: die Größenlehre beruht darauf, daß die notwendige und hinreichende Anzahl voneinander unabhängiger Größen durch Anwendung bestimmter Grundsätze methodisch (deduktiv) festgestellt werden kann. Hiervon handelt der vorliegende siebente Abschnitt.

Größen werden definiert (aus anderen abgeleitet, auf andere zurückgeführt) durch eigentliche Definitionen und durch Erfahrungssätze. Hierunter soll folgendes verstanden werden:

a) Durch eine Größengleichung wird dann eine *eigentliche (echte) Definition* ausgesprochen, wenn durch sie eine bisher noch nicht definierte Größe gleich gesetzt wird einer mathematischen Kombination, meist einem Potenzenprodukt, schon vorher definierter oder als definiert geltender Größen. Bezeichnen wir solche mit A_1, A_2, ..., so ist

$$G = A_1^{\alpha_1} \cdot A_2^{\alpha_2} \cdot \ldots \tag{7.1}$$

eine Definitionsgleichung für die Größe G. Man kann auch einen Zahlenfaktor in diese Definition einbeziehen:

$$G = G' \xi; \tag{7.1a}$$

dabei ist die reine (unbenannte) Zahl ξ, weil sie definiert wird, eine exakte Zahl[1]). Eine eigentliche (echte) Definition ist also ein willkürlich geschaffener zusammenfassender Ausdruck (Benennung und Formelzeichen) für ein Potenzenprodukt von definiert vorliegenden oder als definiert geltenden Größen.

b) Eine Größengleichung ist dann ein *Erfahrungssatz*, wenn durch sie der durch die Erfahrung gewonnene Zusammenhang, meist in Form

[1]) Besteht mehr als eine Größengleichung, durch welche eine zu definierende Größe auf dieselben Grundgrößen zurückgeführt wird, so kann natürlich nur eine dieser Beziehungen als Definition herangezogen werden. Insofern gilt der Satz, daß eine Größe auf eine und nur eine Weise definiert wird. Ist sie auf bestimmte Weise definiert, so kann sie nicht auf andere Weise anders definiert werden.

eines Potenzenproduktes, zwischen physikalischen Größen ausgesprochen wird, die alle schon einzeln und unabhängig voneinander definiert worden sind oder als definiert gelten. Sind also G, A_1, $A_2 \ldots$ solche unabhängig definierte Größen, so kann die Erfahrung ergeben, daß die Größe G proportional ist einem Potenzenprodukt der anderen Größen:

$$G = k \cdot G_1^{\alpha_1} \cdot G_2^{\alpha_2} \cdot \ldots \tag{7.2}$$

Die Proportionalitätskonstante k ist notwendig eine physikalische Größe, nicht etwa eine reine (unbenannte) Zahl. Ihr Wert ist empirisch gewonnen, ihr Zahlenwert ist also keine exakte Zahl. Sie kann zum Beispiel substanzabhängig, sie kann auch universell sein.

Beispiel: Wird der ebene Winkel festgelegt als das Verhältnis des Kreisbogens b zum Kreisradius r,

$$\varphi = \frac{b}{r}, \tag{7.3}$$

so ist das eine eigentlich (echte) Definition: aus vorgegebenen Größen b und r wird eine neue Größe φ gebildet: (7.1). Man kann auch einen von 1 verschiedenen Zahlenfaktor in die Definition einbeziehen: $\varphi' = b/2\pi r = \varphi/2\pi$. Der Zahlenfaktor ist eine exakte (abstrakte) Zahl, wie zu (7.1a) bemerkt worden ist. — Nun werde andererseits angenommen, daß die Größe φ, ebener Winkel, unabhängig von den Größen b und r definiert sei (in irgendeiner Weise, auf die wir hier nicht eingehen). Dann kann die Erfahrung erweisen: das Verhältnis b/r ist ein *Maß* für den Winkel φ („Maß" in der Bedeutung, die im 3. Abschnitt angegeben wurde):

$$\varphi = k \cdot \frac{b}{r}. \tag{7.4}$$

Diese Beziehung ist also ein Erfahrungssatz. Durch ihn wird die Konstante k als Größe definiert, ihr Wert wird durch die Erfahrung festgestellt, denn φ, b, r sind vorweg gegebene (definierte) Größen. — Man kann die Beziehung (7.4) nicht etwa als grundsätzlich falsch verwerfen. Allerdings hat sie nur dann einen Sinn, wenn in der Tat die Größe φ unabhängig von b/r bestimmt werden kann, oder wenn zum Postulat erhoben wird, die Größe φ sei nicht weiter ableitbar, sie sei vielmehr eine unabhängige Größe. In jedem anderen Fall ist die Konstante k inhaltlos und die Beziehung (7.4) nicht gerechtfertigt.

In beiden Fällen a), b) wird durch die Gleichung eine neue Größe definiert. Im ersten Fall (7.1) ist die Definition eine in das Belieben gestellte Festsetzung, die man aus Zweckmäßigkeitsgründen treffen kann; im zweiten Fall (7.2) ist die neu definierte Größe k nicht willkürlich, sondern erzwungen, sie ist unerläßlich für die Darstellung des empirisch festgestellten physikalischen Sachverhaltes. In der eigentlichen (echten) Definitionsgleichung kann nicht, im Erfahrungssatz muß eine empirische Konstante als Faktor enthalten sein.

Nun ist die Zahl g der voneinander unabhängigen Größen eines abgegrenzten Teilgebietes der Physik die Differenz zwischen der Anzahl n der in den Gleichungen enthaltenen Größen und der Anzahl m der diese

Größen verknüpfenden Gleichungen:

$$g = n - m. \tag{7.5}$$

Über diese Anzahl läßt sich rein formal sagen:

Wenn man zu den vorhandenen Gleichungen eine eigentliche (echte) Definition hinzufügt, vergrößert sich n und m um eins, die Differenz g bleibt ungeändert. (Daher gilt auch umgekehrt: jede eigentliche Definition ist unabhängig von der Anzahl der Grundgrößen des Gebietes.) Bei unveränderter Anzahl m der Gleichungen wird die Anzahl n der Größen um eins verringert, wenn man die empirische Konstante eines Erfahrungssatzes durch eine reine Zahl ersetzt, den Erfahrungssatz also zur Definition umdeutet. Die Anzahl n wird um eins vergrößert, wenn man eine Definition nicht gelten läßt, sondern eine neue unabhängige Größe einführt.

Die Antwort auf die Frage: wann eigentliche Definitionsgleichung, wann Erfahrungssatz, ist also entscheidend.

Für die Definitionen physikalischer Größen, die aus Erfahrungssätzen geschehen, erheben wir es zur Regel, daß dabei die Erfahrungssätze nicht willkürlich zu eigentlichen Definitionen gemacht werden dürfen, was also dadurch geschieht, daß die aus der Erfahrung stammende Proportionalitätskonstante zur reinen (unbenannten) Zahl gemacht wird. Wir erklären nur solche Definitionen für einwandfrei im Sinn der Größenlehre, bei denen diese Regel nicht verletzt wird.

Man kann aber auch im entgegengesetzten Sinne verfahren und *das Auftreten einer Proportionalitätskonstante dadurch verursachen, daß man einen Erfahrungssatz unberücksichtigt* läßt. Das geschieht meist dadurch, daß man eine Größe als nicht mehr weiter ableitbar erklärt, die in Wirklichkeit aus einem Erfahrungssatz definiert werden kann. *Auch ein solches Vorgehen halten wir nicht für methodisch einwandfrei.* Es ist zwar formal zulässig, es erzeugt aber mehr Größen, als ausreichend sind.

Beispiele für die im Sinne der Größenlehre unzulässige Verringerung der Anzahl der unabhängigen Größen haben wir im 2. Abschnitt gegeben. Beispiele für die im Sinne der Größenlehre unnötige Vermehrung:

a) aus der Mechanik: Das NEWTONsche Bewegungsgesetz stellt (in seiner spezialisierten Form) den Zusammenhang her zwischen Beschleunigung, Masse und Kraft. Bei vorgegebenen Größen: Länge und Zeit dient es dazu, entweder die Kraft zu definieren (G. KIRCHHOFF), oder die Masse (zum Beispiel J. WALLOT[1]). Werden jedoch diese beiden Größen zu nicht mehr weiter ableitbaren Größen, also zu Grundgrößen erklärt, so kann das Bewegungsgesetz nur lauten $F = k \cdot m \cdot d^2l/dt^2$, die neu auftretende Größe k wird durch diese Gleichung definiert, ihr Wert wird durch die Erfahrung gefunden.

b) aus der Wärmelehre: Wenn die Äquivalenz von Wärmemenge und Arbeit außer acht gelassen wird, so wird dadurch die Anzahl der unabhängigen Größen

[1]) J. WALLOT, Größengleichungen ..., Paragraph 7.

von 4 auf 5 erhöht (Länge, Zeit, Wärmemenge, Temperatur, Masse). (Man tut dies ja in der Tat gelegentlich vorübergehend in praktischen Rechnungen, wenn man sie mit den Einheiten cal für Wärmemengen, J für mechanische Arbeiten durchführt und erst im Ergebnis das Einheitenverhältnis cal/J = 4,1868 einsetzt.)

c) aus der Elektrizitätslehre: Annahme, daß eine elektrische oder eine magnetische Größe, die aus einem Erfahrungssatz definiert werden kann, eine nicht mehr weiter ableitbare Größe (also Grundgröße) sei, zum Beispiel der elektrische Verschiebungsfluß (H. SCHÖNFELD) oder die magnetische Ladung oder der magnetische Fluß (F. HUND, R. FLEISCHMANN, H. SCHÖNFELD). Hierüber Näheres im 14. Abschnitt.

Es ist auch schon vorgeschlagen worden, die methodische Herleitung der Größen auf die Entscheidung darüber zu gründen, wann zwei physikalische Größen in dem Sinn einander gleich sind, daß sie einander ersetzen können, so, daß man in jedem Fall eine für die andere setzen kann[1][2]. Aber die Entscheidung über die einschränkungslose gegenseitige Ersetzbarkeit muß in jedem einzelnen Falle begründet werden, und darin eben liegt die Schwäche dieses Vorgehens: die Frage, ob zwei Größen gegenseitig ersetzbar sind oder nicht, läßt sich in vielen Fällen nur schwer beantworten, die Gefahr liegt nahe, daß an Stelle einer begründeten Antwort eine Behauptung (ein Postulat) gegeben wird.

Können beispielsweise eine ruhende Kondensatorladung und das Zeitintegral des Entladungsstromes einander „in jedem Fall vertreten“ ? Die ruhende Kondensatorladung hat andere Wirkungen (elektrostatische Kraft), als das Zeitintegral des Entladungsstromes (Wärmeentwicklung, magnetische Kraftwirkungen). Leichter läßt sich die Frage beantworten, ob von solchen Größen physikalisch sinnvoll Summen oder Differenzen gebildet werden können. Diese Frage wird man leicht bejahen, indem man sich auf den Erhaltungssatz der elektrischen Ladung beruft[3]. — Sind Wärmemenge und mechanische Arbeit Größen, die einander in jedem Falle vertreten können ? Auch hier läßt sich die Frage nach der Art der beiden Größen leichter beantworten, als die Frage nach der gegenseitigen Ersetzbarkeit in jedem Fall: wegen des Erhaltungssatzes der Energie sind die beiden Größen gleichartig. Wir dürfen aus diesen

[1]) M. LANDOLT, Größe, Maßzahl und Einheit, S. 27 und folgende, Zürich 1943.

[2]) R. FLEISCHMANN, Z. f. Phys. 129 (1951) S. 377—400; 138 (1954) S. 301—308; Phys. Bl. 9 (1953) S. 301—313; Naturw. 41 (1954) S. 625—629; Arch. f. Elektrot. 43 (1958) S. 481.

[3]) Das Beispiel wird deswegen erwähnt, weil gelegentlich der Gedanke vorgebracht wurde, ruhende und bewegte elektrische Ladungen seien Größen verschiedener Art und verschiedener Dimension (zum Beispiel H. GÖHR und E. LANGE, Z. f. Elektrochem. 59 (1955) S. 147—152). Zu diesem Gedanken haben zum Beispiel J. WALLOT (Größengleichungen ..., Paragraph 60) und auch J. FISCHER (Arch. f. Elektrot. 43 (1957) S. 212—215) kritisch Stellung genommen.

Beispielen verallgemeinern: jeder Erhaltungssatz der Physik spricht von gleichartigen Größen[1]).

Die Begriffsbestimmungen des 7. Abschnittes reichen aus, um über die notwendige und ausreichende Anzahl unabhängiger Größen der Elektrizitätslehre zu einem sicheren Urteil zu kommen. Dies soll im 8. bis 11. Abschnitt gezeigt werden.

8. Größen, die das elektrische Feld kennzeichnen

Mit der *Erscheinung der elektrischen Ladung* tritt in den Gesichtskreis der Physik etwas ganz Neues, das mit den Begriffen der Mechanik nicht sinnvoll beschrieben werden kann. In der Umgebung geladener Körper sind Bewegungsantriebe (Kräfte) wahrnehmbar, die anders sind, als wenn in derselben Anordnung die Körper ungeladen sind.

Kann eine physikalische *Größe*, die die Erscheinung „elektrische Ladung" beschreibt, gebildet werden? Wir prüfen diese Frage an dem Merkmal der Vergleichbarkeit, das für den Größencharakter entscheidend ist (3. Abschnitt), und finden es vorhanden: die elektrische Ladung ist nur mit sich selbst und mit keiner anderen Größe gleichartig, und verschiedene elektrische Ladungen können miteinander *quantitativ* verglichen werden[2]). Es ist somit gesichert, daß die Erscheinung „elektrische Ladung" durch eine physikalische Größe „elektrische Ladung" beschrieben werden kann.

Wir untersuchen, ob diese Größe aus anderen, vorweg gegebenen Größen abgeleitet (definiert) werden kann. Dazu betrachten wir das COULOMBsche Kraftgesetz der Elektrostatik:

Zwischen zwei isolierten, ruhenden Körpern, die die elektrischen Ladungen Q_1 und Q_2 tragen und den Abstand r voneinander haben, besteht eine Kraft F. Bei dem bekannten Versuch von COULOMB werden die Erfahrungen gesammelt:

$$\left.\begin{array}{ll} F \text{ proportional } Q_1, & F \text{ proportional } Q_2, \\ F \text{ proportional } 1/r^2, & F \text{ vom Medium abhängig,} \end{array}\right\} \tag{8.A}$$

also zusammengefaßt

$$F = k\frac{Q_1 Q_2}{r^2}; \tag{8.B}$$

die Abhängigkeit vom Medium kommt dadurch zum Ausdruck, daß die Konstante k vom Medium abhängt.

---

[1]) Je nach dem Standpunkt wird man diesen Satz für eine Tautologie, für ein Postulat oder für eine Erfahrungstatsache halten.

[2]) Die elektrische Ladung ist teilbar, und bei einer Zweiteilung kann das Verhältnis der Teile quantitativ festgestellt werden. (Die Mengenproportionalität ist schon von COULOMB als selbstverständlich vorausgesetzt worden; vergleiche C. RAMSAUER, Grundversuche der Physik in historischer Darstellung, S. 97—101, Berlin/Göttingen/Heidelberg: Springer 1953.)

Dies ist eine Erfahrungsaussage; mehr als die Proportionalität zwischen $Q_1 Q_2/r^2$ und F kann durch die Erfahrung nicht bewiesen werden. Deswegen ist die Konstante k in (8.A) nach den Ausführungen des 7. Abschnittes (7.2) notwendig eine physikalische Größe (ihr Wert wird durch die Erfahrung gegeben). Sie kann nicht willkürlich zur reinen (unbenannten) Zahl erklärt werden (ebenso wenig, wie zum Beispiel die Gravitationskonstante im Massenanziehungsgesetz (2.1)). Das Zutreffen der beiden ersten Proportionen in (8.A) kann nur festgestellt werden, wenn die Ladung eine physikalische Größe ist. Fragen wir danach, ob sie ableitbar oder unabhängig ist, so muß die Antwort lauten: die Gleichung (8.B) enthält zwei noch nicht definierte Größen: k und Q. Man könnte mit Hilfe dieser Beziehung die Größe Q aus anderen, vorweg gegebenen Größen nur dadurch ableiten, daß man den Erfahrungssatz (8.B) willkürlich in eine Definitionsgleichung verwandeln würde, indem man die physikalische Konstante k durch eine reine (unbenannte) Zahl ersetzt. Dies aber wäre ein Verstoß gegen den ersten Grundsatz der Größenlehre, den wir im 7. Abschnitt aufgestellt haben. *Daher muß die Größe Q, elektrische Ladung, als nicht mehr weiter ableitbare, unabhängige Größe angesehen werden. Wir wählen sie als Grundgröße zu den Grundgrößen Länge, Zeit und Masse (oder Energie).*

Einzelne elektrische Größen für sich können offenbar nicht allein mit den Begriffen der Mechanik erklärt werden (nicht allein aus den Größen der Mechanik definiert werden). Dieser entscheidende Satz wurde erstmals von G. Mie[1]) ganz klar ausgesprochen. In die Sprache der Größengleichungen übersetzt heißt das: es gibt in der Elektrizitätslehre keine Größengleichung, in der nur eine einzige elektrische Größe vorkommt.

Wir wenden uns nun der Definition der Größen zu, die das elektrische Feld kennzeichnen.

Die experimentelle Erfahrung über die Kraft auf einen im elektrischen Feld im nichtleitenden Raum ruhenden Träger der kleinen Ladung Q läßt sich zusammenfassen in

$$\mathfrak{F} = Q\,\mathfrak{E}. \tag{8.1}$$

Ist Q Grundgröße, F Größe bekannter Definition oder gleichfalls Grundgröße, so wird durch den Erfahrungssatz (8.1) der Proportionalitätsfaktor $\mathfrak{E}$, elektrische Feldstärke, definiert. (Er erweist sich als ein dem Raumpunkt eigentümlicher Vektor, dessen Betrag von Q nicht abhängt.) Noch einen zweiten Proportionalitätsfaktor ξ in die Beziehung hineinzuschreiben, ist formal zulässig, physikalisch sinnlos: in (8.1) kommt schon die gesamte Erfahrung zum Ausdruck: $\mathfrak{F} = Q\,\mathfrak{E}'\,\xi$ kann nicht

[1]) G. Mie, Lehrbuch der Elektrizität und des Magnetismus, 1. Aufl., Stuttgart 1910.

mehr aussagen als $\mathfrak{F} = Q\,\mathfrak{E}$, anders gesagt: man kann immer und ohne Ausnahme zusammenfassen $\mathfrak{E}'\,\xi = \mathfrak{E}$.

Weniger einfach scheint es zu liegen bei dem Zusammenhang des elektrischen Feldes mit seinen Quellen, den Ladungen, also bei dem Zusammenhang der Quellenstärke (Divergenz) und der räumlichen Ladungsdichte, oder dem Vektorfluß durch eine Hüllfläche und der gesamten eingeschlossenen Ladung, oder der Normalkomponente an einer Leiteroberfläche und der Ladungsflächendichte: dieser Zusammenhang ist doch wohl ein Erfahrungssatz, aber keine Definition. Ein Vektorfluß (als physikalische Größe), so wird man sagen, sei ein Attribut einer physikalischen Erscheinung des Raumes, eine Ladung (als physikalische Größe) sei ein Attribut einer Anhäufung elementarer Ladungspartikel. Vektorfluß und Ladung könnten daher nicht physikalisch sinnvoll addiert werden, sie seien nicht Größen gleicher Art. Der Zusammenhang zwischen dem Verschiebungsfluß Ψ und der Ladung Q könne daher nur wiedergegeben werden durch die Proportionalität

$$\Psi = k_e \cdot Q\,, \tag{8.2}$$

und wenn man an Stelle davon setze

$$\Psi = Q\,, \tag{8.3}$$

so habe man eben den Fehler gemacht, den es zu vermeiden gelte: man habe einen Erfahrungssatz zur eigentlichen Definition gemacht, man habe „verschiedenartige Größen zusammengeworfen".

Ganz ähnlich läßt sich bei den elektromagnetischen Induktionserscheinungen denken. Auch hier ist die Vorstellung einleuchtend, daß der Vektorfluß des magnetischen Feldes eine physikalische Erscheinung von ganz anderer Art sei als das Zeitintegral der elektrischen Umlaufspannung; die beiden Größen könnten einander gewiß nicht in jedem Fall gegenseitig ersetzen, denn die eine sei eine magnetische Größe, die andere eine elektrische. Daher m ü s s e das Gesetz des elektromagnetischen Induktionsvorganges geschrieben werden

$$-\overset{\circ}{U}\,\mathrm{d}t = k_m \cdot \mathrm{d}\Phi \tag{8.4}$$

und wenn an Stelle dieser Proportion geschrieben werde

$$-\overset{\circ}{U}\,\mathrm{d}t = \mathrm{d}\Phi\,, \tag{8.5}$$

so habe man wieder in unzulässiger Weise „verschiedenartige Größen zusammengeworfen".

In beiden Fällen kann man die angegebenen Vorstellungen über das Wesen der E r s c h e i n u n g e n für einleuchtend halten. A b e r s i e g r e i f e n i n d i e v o r g e l e g t e A u f g a b e n i c h t e i n. Diese Aufgabe lautet nicht: aus Vorstellungen über die Wesensart physikalischer Erscheinungen heraus gewisse Postulate abzuleiten und diese in den Größengleichungen zum Ausdruck zu bringen; die Aufgabe lautet einfach nur: *mit Hilfe der Erfahrungssätze Größen zu definieren.* Größen sind Kennzeichen der Erscheinungen. Diese Kennzeichen müssen eindeutig und ausreichend sein, weiter nichts. Sie müssen Ausdruck sein für die Erfahrung, allerdings für die ganze Erfahrung, aber auch sonst für nichts. Nur im systematischen Aufbau der Größendefinitionen mit der Methodik, die im 7. Abschnitt genannt wurde, wird eine Entscheidung darüber gefunden, ob (8.2) an Stelle von (8.3) und ob (8.4) an Stelle von (8.5) notwendig gesetzt werden muß.

Die Größe $\mathfrak{E}$ ist, wie zu (8.1) gesagt wurde, aus einem Erfahrungssatz definiert. Tastet man mit einem kleinen Prüfkörper der kleinen Ladung Q das elektrische Feld (in einem homogenen Nichtleiter) an den Elementen einer gewählten Hüllfläche a, oder an der Leiteroberfläche von Punkt zu Punkt ab: $\mathfrak{E} = \mathfrak{F}/Q$, bestimmt man ferner unabhängig davon die Größe der eingeschlossenen Ladung $\overset{\circ}{\Sigma} Q$ oder die Ladungsflächendichte σ, und untersucht empirisch den Zusammenhang, so findet man Proportionalität:

$$\varepsilon \oint \mathfrak{E}\, \mathrm{d}\mathfrak{a} = \overset{\circ}{\Sigma} Q, \quad \varepsilon\, E_n = \sigma. \tag{8.6}$$

Dies ist eine Erfahrungsaussage, durch die die Konstante ε definiert wird, denn alle anderen Größen sind oder gelten als definiert. (Man findet, daß ε von der Substanz abhängt, in der das elektrische Feld herrscht.) — Wenn man darauffolgend setzt:

$$\varepsilon\, \mathfrak{E} = \mathfrak{D}, \tag{8.7}$$

so ist das eine eigentliche (echte) Definition für die Größe $\mathfrak{D}$ (wenn man so sagen will: eine willkürliche, zweckmäßige Abkürzung); die Beziehung

$$\oint \mathfrak{D}\, \mathrm{d}\mathfrak{a} = \overset{\circ}{\Sigma} Q, \quad D_n = \sigma \tag{8.8}$$

ist dadurch Definitionsgleichung für die Größe $\mathfrak{D}$, „Verschiebung". Man spricht denselben Sachverhalt nur mit anderen Worten aus, wenn man sagt, daß man der erst zu definierenden Größe $\mathfrak{D}$ die Bedingung auferlegt, sie müsse die Gleichung (8.8) erfüllen. Die Berechtigung ist nachgewiesen. Der Zusammenhang zwischen dem elektrischen Feld und seinen Quellen, den Ladungen, ist selbstverständlich ein Erfahrungssatz, und durch ihn wird der Proportionalitätsfaktor ε definiert, der eine Substanzkonstante ist.

Es hat vermutlich als erster G. Mie erkannt und ausgesprochen[1]), daß die Beziehung (8.8) eine einwandfreie Definition der Feldgröße $\mathfrak{D}$ dar-

[1]) G. Mie, Lehrbuch der Elektrizität und des Magnetismus, 1. Aufl., S. 75—78. Stuttgart 1910; 3. Aufl., S. 108—110. Stuttgart 1948. (Zitat und Abbildung hieraus).

stellt, und daß sie nicht etwa nur eine Gleichheit zweier Zahlenwerte ausspricht: „Die spezifische elektrische Erregung $\mathfrak{D}$ in irgendeinem Punkte P eines Feldes ist gleich der spezifischen Erregung in einem unendlich kleinen Plattenkondensator, dessen Feld ein genaues Abbild des Feldes in der Nachbarschaft von P ist. Die Richtung von $\mathfrak{D}$ ist als die positive Richtung der Plattennormale gegeben, ihr Zahlenwert (in heutiger Ausdrucksweise also: ihr Betrag) als die Flächendichte der Ladung.“ Das definierende Meßverfahren ist daher das Austasten des Feldes mit dem MIEschen Doppelscheibchen. (Abb. 8.1a und b).

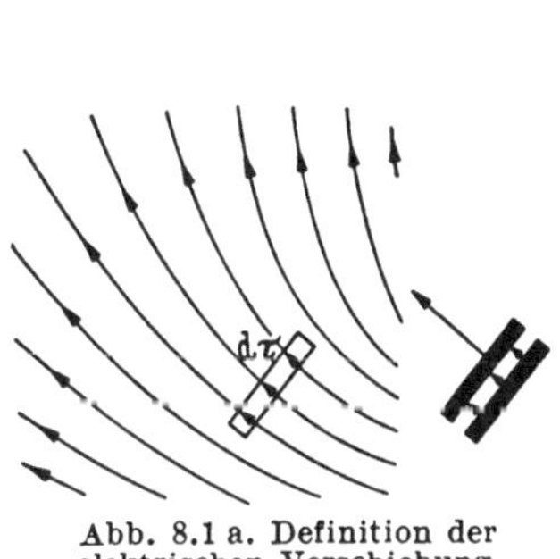

Abb. 8.1 a. Definition der elektrischen Verschiebung

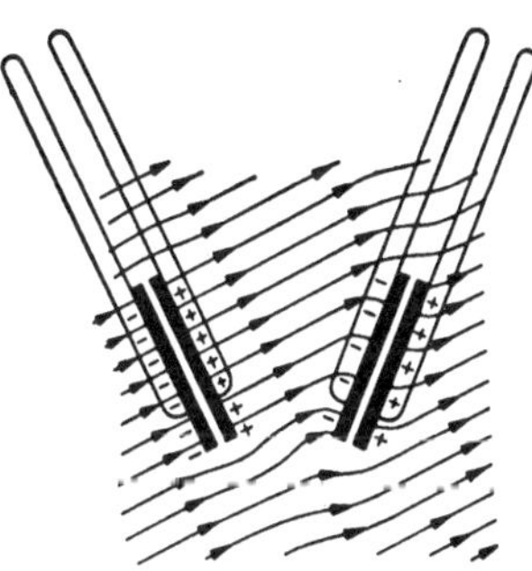
Abb. 8.1 b. Das Probe-Doppelscheibchen

Mit den Beziehungen (8.8, 7,1) kann man das COULOMBsche Kraftgesetz ausrechnen, das wir zuerst untersucht haben (8.A, B); man findet

$$F = \frac{1}{4\pi\varepsilon}\frac{Q_1 Q_2}{r^2}. \tag{8.9}$$

Der Proportionalitätsfaktor k in (8.B) ist also durch die empirische Konstante ε des Erfahrungssatzes (8.6) gegeben und umgekehrt: $k = 1/4\pi\varepsilon$. Diese Konstante willkürlich zu einer reinen (unbenannten) Zahl zu erklären, wäre ein Verstoß gegen die Grundsätze der Größenlehre. Die Folgerungen, die im Anschluß an (8.A, B) gezogen wurden, bestehen daher zu recht.

Die von G. MIE gegebene definierende Meßvorschrift für die Feldgröße $\mathfrak{D}$ (Messung der verschobenen Ladung) ist unabhängig von der definierenden Meßvorschrift für die Feldgröße $\mathfrak{E}$ (Messung der Kraft, die auf den geladenen Prüfkörper ausgeübt wird), und schon deswegen sind $\mathfrak{E}$ und $\mathfrak{D}$ Größen verschiedener Art. Man hatte bis dahin zu $\mathfrak{E}$ eine zweite Feldgröße durch einen ganz anderen Gedankengang definiert. Wir erwähnen ihn ausdrücklich, um Verwechselungen auszuschließen:

Um im Innern eines homogenen, isotropen Dielektrikums in einem Punkt P den elektrischen Zustand zu ermitteln, legt man durch P einen dünnen, fadenförmigen Kanal parallel zur Richtung des elektrischen Feldes, also einen Längsspalt. Er muß materiefrei sein. In ihm stellt man an der Stelle P mit dem geladenen Prüfkörper die Kraft $\mathfrak{F}^l = Q\,\mathfrak{E}^l$ fest. In einem zweiten Versuch legt man durch P einen dünnen Kanal senkrecht zur Richtung des elektrischen Feldes, also einen Querspalt. Er muß materiefrei sein. In ihm stellt man an der Stelle P mit demselben geladenen Prüfkörper die Kraft $\mathfrak{F}^q = Q\,\mathfrak{E}^q$ fest. Die beiden Kräfte haben dieselbe Richtung, aber verschiedene Größen, es ist $F^q \geqq F^l$. Daher ist das Verhältnis

$$\frac{F^q}{F^l} = \frac{E^q}{E^l} = \xi_e \geqq 1 \qquad (8.10)$$

eine reine (unbenannte) Zahl (genauer: eine Verhältnisgröße).

Die Zahl ξ_e drückt hiernach eine elektrische Eigenschaft der nichtleitenden Substanz aus, wir nennen sie Dielektrizitätszahl. Verallgemeinernd hat man also, wenn man das Zeichen $\mathfrak{E}^l$ durch das gewohnte $\mathfrak{E}$ und $\mathfrak{E}^q$ durch $\mathfrak{E}^*$ ersetzt:

$$\mathfrak{E}^* = \xi_e\,\mathfrak{E}. \qquad (8.11)$$

Das Verhalten und der Einfluß des Dielektrikums werden auch hier durch zwei Feldvektoren beschrieben, jedoch durch zwei Feldstärken. Man hat früher die Feldstärke $\mathfrak{E}^*$ wohl auch Verschiebung genannt und auch mit dem Zeichen $\mathfrak{D}$ geschrieben. Wir werden diese Gepflogenheit hier wegen der Verwechslungsgefahr vermeiden[1]).

$\mathfrak{E}$ und $\mathfrak{D}$ sind Größen verschiedener Art und verschiedener Dimension, $\mathfrak{E}$ und $\mathfrak{E}^*$ sind Größen gleicher Dimension und (mit Einschränkungen) gleicher Art. ε in (8.7) ist eine physikalische Größe, ξ_e in (8.11) ist eine reine (unbenannte) Zahl.

Die Definitionen von $\mathfrak{D}$ und von $\mathfrak{E}^*$ sind ganz unabhängig voneinander. Daraus folgt: Verwendet man die zwei Feldstärken $\mathfrak{E}^*$ und $\mathfrak{E}$, so verschwindet deswegen nicht etwa die Konstante ε als physikalische Größe. Sie selbst oder die universelle (nicht substanzabhängige) Größe $\varepsilon/\xi_e = \varepsilon_0$ tritt lediglich an anderen Stellen in dem gesamten Gleichungensystem auf, nämlich in den MAXWELLschen Hauptgleichungen[2]). O. LÖBL hat auf Vorteile aufmerksam gemacht[2]), die man erhält, wenn man $\mathfrak{E}$ und $\mathfrak{E}^*$ benutzt.

[1]) Die Benennung „elektrische Erregung", die MIE der oben definierten Größe $\mathfrak{D}$ gegeben hat, würde die Möglichkeit von Verwechslungen und Mißverständnissen ausschließen. Sie hat sich aber vielleicht deswegen nicht eingebürgert, weil man nicht bereit war, das Wort „Verschiebungsstrom" aufzugeben.

Ob für die vollständige Beschreibung der Zustände bei Vorhandensein nichtleitender Materie zwei Feldvektoren erforderlich sind, oder ob einer genügt, steht hier nicht zur Erörterung. Wenn es, wie in der Atomistik, keine makroskopischen Stoffeigenschaften gibt, ist ein Feldvektor ausreichend.

[2]) F. EMDE, Z. f. phys. u. chem. Unterr. 48 (1935) S. 145 und folgende; J. FISCHER, Phys. Z. 36 (1935) S. 914—916; Einführung in die klassische Elektrodynamik, S. 180—181, Berlin 1936; O. LÖBL, Elektrot. Z. 72 (1951) S. 455—462 und 78 (1957) S. 275—279; J. WALLOT, Größengleichungen . . ., Paragraph 21.

9. Größen, die das magnetische Feld kennzeichnen

Beim Vordringen von den mechanischen zu den elektrischen Größen ist *eine* Grundgröße neu hinzugekommen: die elektrische Ladung. Die neu hinzutretende Grundgröße braucht man wohl nicht als Eintrittspreis zu entschuldigen, der für das Betreten des erweiterten Gebietes entrichtet werden muß. Das Auftreten einer weiteren Grundgröße hat vielmehr seinen eigentlichen Grund darin, daß es in der Elektrizitätslehre keine Größengleichung gibt, in der nur eine einzige elektrische Größe vorkommt, wenn man die Grundsätze der Größenlehre (7. Abschnitt) einhält.

Wir werden zu untersuchen haben, ob beim Vordringen von den elektrischen Größen zu den Größen, die das magnetische Feld kennzeichnen, in ähnlich zwingender Weise eine neue Grundgröße hinzukommen muß, eine Größe also, die nicht mehr weiter definiert, das heißt auf andere zurückgeführt werden *kann*.

Die magnetischen Größen sind mit den elektrischen durch die beiden Hauptgleichungen verbunden. Diese benutzen wir im folgenden einfachheitshalber in der Integralform für ruhende Körper. Das Durchflutungsgesetz stellt den Zusammenhang her zwischen der magnetischen Umlaufspannung $\oint \mathfrak{H}\, d\mathfrak{s} \equiv \mathring{V}$ entlang einer geschlossenen geometrischen Kurve $\mathfrak{s}$ und der elektrischen Durchflutung θ, das ist der Vektorfluß der gesamten Leitungs- und Verschiebungsstromdichte durch irgendeine Fläche, die $\mathfrak{s}$ zur Kontur hat. Das Induktionsgesetz stellt den Zusammenhang her zwischen der elektrischen Umlaufspannung $\oint \mathfrak{E}\, d\mathfrak{s} \equiv \mathring{U}$ entlang einer geschlossenen geometrischen Kurve $\mathfrak{s}$ und dem magnetischen Schwund $-d\Phi/dt$, das ist die Schnelligkeit der Abnahme des Vektorflusses der magnetischen Induktion $\mathfrak{B}$ durch irgendeine Fläche, die $\mathfrak{s}$ zur Kontur hat.

Zwei neue Größen sind aufgetreten, die wir „magnetisch" genannt haben: die magnetische Spannung V oder die magnetische Feldstärke $\mathfrak{H}$ einerseits und der magnetische Induktionsfluß Φ oder die magnetische Induktion $\mathfrak{B}$ andererseits.

Ohne Zweifel liegt hier der Gedanke sehr nahe, daß die beiden Hauptgleichungen nur von der Form sein könnten

$$\mathring{V} = k_1 \cdot \theta, \quad \mathring{U} = -k_2 \cdot \frac{d\Phi}{dt}, \qquad (9.1)^{1)}$$

[1]) Ausgeschrieben:

$$\oint \mathfrak{H}\, d\mathfrak{s} = k_1 \left(\int_a \mathfrak{G}\, d\mathfrak{a} + \frac{d}{dt} \int_a \mathfrak{D}\, d\mathfrak{a} \right), \qquad \oint \mathfrak{E}\, d\mathfrak{s} = -k_2 \frac{d}{dt} \int_a \mathfrak{B}\, d\mathfrak{a},$$

und in Differentialform

$$\operatorname{rot} \mathfrak{H} = k_1 \left(\mathfrak{G} + \frac{\partial \mathfrak{D}}{\partial t} \right), \quad \operatorname{rot} \mathfrak{E} = -k_2 \frac{\partial \mathfrak{B}}{\partial t};$$

hierin ist a eine Fläche, die $\mathfrak{s}$ zur Kontur hat, $\mathfrak{a} = \mathfrak{n}\, a$ rechtsschraubig $\mathfrak{s}$ zugeordnet, $\mathfrak{G}$ die Leitungsstromdichte.

denn sie verknüpfen ja nicht jeweils eine elektrische Größe mit einer elektrischen — davon war im 8. Abschnitt bei den Größen Ψ und Q die Rede —, sondern sie verbinden magnetische Größen mit elektrischen. Keine Rede könne davon sein, daß physikalisch sinnvoll die Differenz zwischen einer magnetischen Umlaufspannung und einer elektrischen Durchflutung gebildet werden könne, die beiden Größen seien nicht gleichartig, und dasselbe gelte für die elektrische Umlaufspannung und den magnetischen Schwund. Daher müßten die physikalischen Größen k_1 und k_2 in den beiden Erfahrungssätzen (9.1) enthalten sein; die Gleichsetzung

$$\mathring{V} = \Theta\,, \quad \mathring{U} = -\frac{\mathrm{d}\Phi}{\mathrm{d}t} \tag{9.2}$$

sei unzulässig, sie entstelle die physikalischen Sachverhalte, denn sie mache Größen gleichartig, die nicht gleichartig seien.

Wir wenden uns im folgenden zunächst der Frage zu, ob eine Vergrößerung der Anzahl g der unabhängigen Größen hier unerläßlich notwendig wird, wie das ja nach den Beziehungen (9.1) den Anschein hat.

In einem von einheitlicher Substanz erfüllten Raum tasten wir mit einem vom Strom I durchflossenen Stromleiter der Länge l von Punkt zu Punkt die Kraftwirkungen ab, die proportional zu I sind. Man mag dabei an eine allseits bewegliche, sehr schmale rechteckige Drahtschleife denken, die vom Strom I durchflossen ist; die langen Seiten des Rechteckes sind viel größer als die kurzen Seiten; diese haben die Länge l, die eine befindet sich außerhalb des magnetischen Feldes, die andere ist der eigentliche Prüfkörper. Die gesamten Erfahrungen, die bei allen möglichen Versuchsbedingungen gefunden werden, lassen sich zusammenfassen in die Aussage

$$\mathfrak{F} = I \cdot \mathfrak{l} \times \mathfrak{B}. \tag{9.3}$$

In dieser Beziehung ist keineswegs $\mathfrak{B}$ eine schon definiert vorliegende Größe, vielmehr ist $\mathfrak{B}$ der Proportionalitätsfaktor des Erfahrungssatzes. (Der Faktor erweist sich als eine als Vektor darstellbare, dem Raumpunkt eigentümliche Größe, deren Betrag von $I\,l$ unabhängig ist.) Noch einen zweiten Proportionalitätsfaktor in die Beziehung (9.3) hineinzuschreiben ist zwar formal möglich, aber in physikalischer Hinsicht sinnlos, aus genau demselben Grund, der gegen diese Maßnahme bei der Beziehung $\mathfrak{F} = Q\,\mathfrak{E}$ (8.1) angegeben wurde: die Beziehung (9.3) ist schon die Zusammenfassung der gesamten Erfahrung, so daß das Hineinschreiben eines weiteren Faktors die physikalischen Aussagen nicht ändern würde. — Aus (9.3) ergibt sich daher auch die definierende Meßvorschrift[1]).

Bei einer Verrückung $d\mathfrak{s}$ der kurzgeschlossenen Drahtschleife wird die mechanische Arbeit $\mathfrak{F}\, d\mathfrak{s}$ aufgebracht und die Stromwärme $I^2 \mathring{R}\, dt = I\, \mathring{U}\, dt$ festgestellt. ($\mathring{R}$ Gesamtwiderstand der Drahtschleife.) Werden beide Energiegrößen nach dem Erhaltungssatz einander gleichgesetzt, so erhält man

$$\mathring{U}\, dt = -\,\mathfrak{B}(\mathfrak{l}\times d\mathfrak{s}) = -\,\mathfrak{B}\, d\mathfrak{a} = -\,d\Phi. \qquad (9.4)$$

Damit ist der Anschluß an das Induktionsgesetz hergestellt. Es muß also geschrieben werden

$$\mathring{U} = -\frac{d\Phi}{dt} \qquad (9.2a)$$

wie in (9.2), ohne Konstante k_2, nicht wie (9.1). Die zu (9.1) an den Anfang gestellte Auffassung, daß das Fehlen der Konstanten k_2 im Induktionsgesetz es zeige, daß hier ein Erfahrungssatz in unzulässiger Weise zu einer eigentlichen Definition gemacht worden sei, ist demnach nicht zu halten: Wir haben hier eine Größe $\mathfrak{B}$, welche den von uns „magnetisches Feld" genannten Raumzustand kennzeichnet, mit Hilfe des Erfahrungssatzes (9.3) genau auf dieselbe Weise erhalten, wie wir eine Größe $\mathfrak{E}$, welche den von uns „elektrisches Feld" genannten Raumzustand kennzeichnet, mit Hilfe des Erfahrungssatzes (8.1) erhalten haben.

Man kann nun, nachdem die Größe $\mathfrak{B}$, Induktion, definiert ist, den Zusammenhang betrachten (einfachheitshalber zunächst in einer einheitlichen Substanz) zwischen dem entlang einer geschlossenen Randkurve $\mathfrak{s}$ gebildeten Linienintegral von $\mathfrak{B}$ und der elektrischen Durchflutung θ irgendeiner Fläche, die $\mathfrak{s}$ zur Kontur hat. Die Erfahrung lehrt, daß die beiden Größen zueinander proportional sind:

$$\frac{1}{\mu}\oint \mathfrak{B}\, d\mathfrak{s} = \theta. \qquad (9.4)$$

Der Proportionalitätsfaktor dieses Erfahrungssatzes ist μ, er wird durch (9.4) als physikalische Größe definiert (sie erweist sich als substanzabhängig). Alle anderen Größen in (9.4) sind ja schon vorweg definiert. Setzt man daran anschließend

$$\mathfrak{B}/\mu = \mathfrak{H}, \qquad (9.5)$$

[1]) Zum Beispiel: Erfährt ein vom Strom I durchflossenes starres fadenförmiges Leiterstück der Länge l eine Kraft F, die proportional zu I ist, so befindet sich das Leiterstück in einem magnetischen Feld. Dann ist am Ort des Leiterstückes $F/I\,l$ gleich der Komponente von B, die senkrecht steht auf den Richtungen der Kraft und des Leiterstückes, und $\mathfrak{B}$ kennzeichnet das Feld. Die Richtung von $\mathfrak{B}$ ist daher die Richtung, in welcher bei Verschiebung des stromführenden Leiterstückes keine mechanische Arbeit verrichtet wird. Die Vektorrichtungen von $\mathfrak{F}$, $I\,\mathfrak{l}$ und $\mathfrak{B}$ sind in dieser Reihenfolge rechtsschraubig zueinander.

so ist das eine eigentliche (echte) Definition für $\mathfrak{H}$ (wenn man so will, eine willkürliche Abkürzung). Trägt man in den Erfahrungssatz (9.4) ein, so entsteht

$$\oint \mathfrak{H}\, d\mathfrak{s} \equiv \mathring{V} = \Theta, \tag{9.6}$$

also das Durchflutungsgesetz wie (9.2), ohne Konstante k_1, nicht wie (9.1).

Die Größe $\mathfrak{H}$ erscheint hier als Folgegröße, $\mathfrak{B}$ als erste Größe. Bei den Größen des elektrischen Feldes erschien $\mathfrak{D}$ als Folgegröße, $\mathfrak{E}$ als erste Größe.

Wir sind hier, von (9.3) nach (9.6) fortschreitend, genau so vorgegangen, wie bei den Größen, die das elektrische Feld kennzeichnen (8.1, 6, 7, 8). Man spricht denselben Sachverhalt nur mit anderen Worten aus, wenn man sagt, man lege der neuen Feldgröße $\mathfrak{H}$ die Bedingung auf, daß sie der Gleichung (9.6) gehorchen müsse. Die Ableitung hat gezeigt, daß auch hier nicht in unzulässiger Weise ein Erfahrungssatz durch eine Definitionsgleichung ersetzt wird. Wollte man hier sagen, daß die magnetische Spannung V oder der magnetische Fluß Φ eine physikalische Größe sei, die nicht mehr aus anderen definiert werden könne und daher als zusätzliche Grundgröße eingeführt werden müsse, so müßte man die entsprechende Behauptung anerkennen, daß nämlich auch der elektrische Verschiebungsfluß Ψ eine nicht mehr aus anderen Größen ableitbare Größe sei, wie zu (8.2) ausgeführt worden war. In beiden Fällen wird durch die Form einer Gleichung: — dort $\mathring{\Psi} = Q$ (8.8), hier $\mathring{V} = \Theta$ (9.6) —, wenn man die Gleichung isoliert betrachtet, die Vermutung nahegelegt, man habe einen Erfahrungssatz gegen eine eigentliche Definition ausgetauscht. In beiden Fällen trifft dies aber nicht zu, durch den Erfahrungssatz wird dort die substanzabhängige physikalische Größe ε, hier die substanzabhängige physikalische Größe μ definiert.

Besonders anschaulich ist die von G. Mie gegebene Definition der das magnetische Feld kennzeichnenden Größe $\mathfrak{H}$; sie ist zugleich definierende Meßvorschrift[1]): Der Prüfkörper ist eine kleine sehr dünne zylindrische Spule der Länge l, die dicht gewickelten Windungen der Anzahl w werden von einem Strom I durchflossen. Stellt man an der zu prüfenden Stelle die Stromstärke I und die Richtung der Achse des Zylinders so ein, daß das Innere der Spule feldfrei wird, so ist definitionsgemäß

$$H = I\,w/l, \tag{9.7}$$

und die Richtung des Vektors $\mathfrak{H}$ ist durch die Richtung der Zylinderachse bestimmt: $\mathfrak{H} = -\mathfrak{i} \cdot I\,w/l$, wenn der Einsvektor $\mathfrak{i}$ in Richtung der

[1]) G. Mie, Lehrbuch ..., 1. Aufl. 1910, S. 373; 3. Aufl. S. 374—377. (Abb. 9.1 a und b hieraus).

Zylinderachse rechtsschraubig zugeordnet ist der Leitkurve $\mathfrak{s}$ der Drahtwindungen[1]) (Abb. 9.1 a und b). Den Vektor $\mathfrak{H}$ hat MIE „magnetische Erregung“ genannt; wir bleiben hier bei der eingeführten, älteren Benennung „magnetische Feldstärke“. Die Definition (9.7) führt unmittelbar auf das Durchflutungsgesetz in der Form (9.6), *ohne* Konstante k_1.

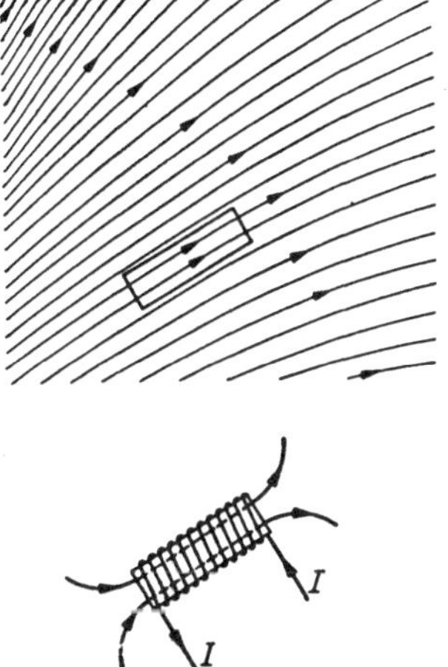

Abb. 9.1 a. Definition der magnetischen Feldstärke (Erregung)

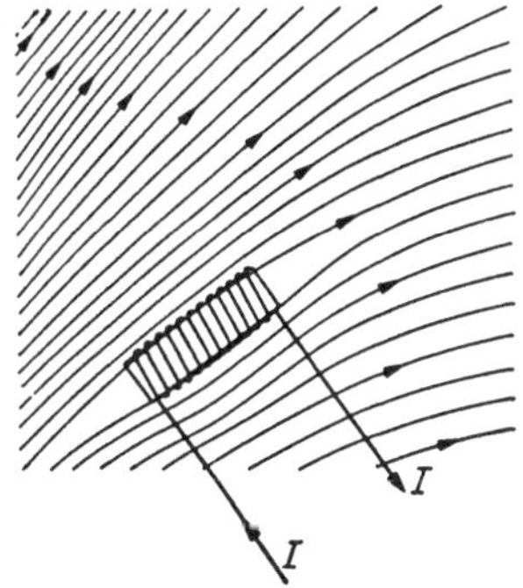

Abb. 9.1 b. Messung der magnetischen Feldstärke mit der Probespule

Zur Definition der Größe $\mathfrak{B}$ erwähnen wir noch:

a) Wir hatten sie definiert mit Hilfe der Kraft auf einen vom elektrischen Strom I durchflossenen starren fadenförmigen Leiter der Länge l. Ebenso hätte sie definiert werden können mit Hilfe des Drehmomentes einer stromdurchflossenen starren geschlossenen Leiterschleife von genügend einfacher Gestalt. Wir können sie drittens, gleichbedeutend damit, definieren mit Hilfe der Kraft, die auf einen mit der Geschwindigkeit $\mathfrak{v}$ bewegten Träger einer elektrischen Ladung Q ausgeübt wird: wird bei der Bewegung eine Kraft $\mathfrak{F}$ wahrgenommen, die proportional $Q\,v$ ist und senkrecht zu $\mathfrak{v}$ steht, so sagt man, die Bewegung finde statt in einem magnetischen Felde. Die gesamten Erfahrungen, die bei allen möglichen Versuchsbedingungen gefunden werden, lassen sich zusammenfassen in die Aussage

$$\mathfrak{F} = Q \cdot \mathfrak{v} \times \mathfrak{B}, \tag{9.8}$$

und durch diesen Erfahrungssatz wird der Proportionalitätsfaktor $\mathfrak{B}$ aus den anderen, vorgegebenen Größen definiert. Auch hier legt man

[1]) Betrachtet man in einem beliebigen magnetischen Feld ein Raumgebiet von der Gestalt eines sehr dünnen Zylinders, dessen Abmessungen so klein sind, daß das Feld im Innern des Zylinders homogen und parallel zur Zylinderachse gerichtet ist, so beruht die gegebene Definition auf der Voraussetzung, daß dieses Feld sich in jedem Falle nach Betrag und Richtung nachbilden läßt durch das Feld im Innern einer stromdurchflossenen dünnwandigen Zylinderspule gleicher Gestalt und Größe.

fest, daß die Vektorrichtungen von $\mathfrak{F}$, $\mathfrak{v}$, $\mathfrak{B}$ in dieser Reihenfolge rechtsschraubig zueinander sind. Die Gleichheit

$$Q\,\mathfrak{v} = I\,\mathfrak{l}, \tag{9.9}$$

die man aus (9.3) und (9.8) folgert, besteht nicht nur formal, sondern sie ist physikalisch sinnvoll.

b) Auch für das magnetische Feld hat man neben $\mathfrak{B}$ eine zweite, von $\mathfrak{H}$ verschiedene, aber mit $\mathfrak{B}$ gleichartige Feldgröße durch folgenden Gedankenversuch definiert: Um im Innern einer homogenen, isotropen Substanz in einem Punkte P den magnetischen Zustand zu ermitteln, legt man durch P einen dünnen, fadenförmigen Kanal parallel zur Richtung des magnetischen Feldes, also einen materiefreien Längsspalt. In ihm stellt man an der Stelle P mit Hilfe des einen oder des anderen angegebenen Prüfkörpers (stromdurchflossener Stab (9.3), bewegter Ladungsträger (9.8)) die Kraft $\mathfrak{F}^l$ und durch diese also die proportionale Feldgröße $\mathfrak{B}^l$ fest. In einem zweiten Versuch legt man durch P einen dünnen Kanal senkrecht zur Richtung des magnetischen Feldes, also einen materiefreien Querspalt. In ihm stellt man mit demselben Probekörper an der Stelle P die Kraft $\mathfrak{F}^q$ und durch diese also die proportionale Feldgröße $\mathfrak{B}^q$ fest. Die beiden Kräfte haben dieselbe Richtung, aber verschiedene Größen, es ist $F^q \geqq F^l$. Daher ist das Verhältnis

$$\frac{F^q}{F^l} = \frac{B^q}{B^l} = \xi_m \geqq 1 \tag{9.10}$$

eine reine (unbenannte) Zahl (genauer: eine Verhältnisgröße).

Die Zahl ξ_m drückt hiernach eine magnetische Eigenschaft der Substanz aus, wir nennen sie Permeabilitätszahl. Verallgemeinernd hat man also, wenn man das Zeichen $\mathfrak{B}^l$ durch das gewohnte $\mathfrak{B}$ und $\mathfrak{B}^q$ durch $\mathfrak{B}^*$ ersetzt:

$$\mathfrak{B}^* = \xi_m\,\mathfrak{B}. \tag{9.11}$$

Das Verhalten und der Einfluß der Substanz werden auch hier durch zwei Feldvektoren beschrieben, jedoch durch zwei gleichartige. Dagegen sind $\mathfrak{B}$ und $\mathfrak{H}$ Größen verschiedener Art und verschiedener Dimension. μ in (9.5) ist eine physikalische Größe, ξ_m in (9.11) ist eine reine (unbenannte) Zahl. Die Definitionen von $\mathfrak{H}$ und von $\mathfrak{B}^*$ sind völlig unabhängig voneinander. Man muß sie scharf auseinander halten[1]).

10. Die Ampèresche Äquivalenz

Lange, bevor H. C. OERSTED das magnetische Feld elektrischer Leitungsströme entdeckt hat, waren Dauermagnete bekannt. Man beschreibt die Eigenschaften eines Magnetismusträgers durch sein magnetisches Moment, durch seine magnetische Ladung oder Polstärke. Der

[1]) Wir unterlassen es absichtlich, der Größe $\mathfrak{B}^*$ eine Benennung zu geben.

Gedanke liegt nahe, daß eine dieser magnetischen Eigenschaftsgrößen (die eine kann aus der anderen abgeleitet werden) eine unabhängige, nicht mehr auf andere zurückführbare physikalische Größe sei. Wir untersuchen, ob dies der Fall ist, oder ob die Eigenschaftsgrößen von Magnetismusträgern willkürfrei aus anderen, vorgegebenen Größen abgeleitet werden können.

Ein Magnetismusträger erfährt in einem (mit homogener Substanz erfüllten) Raum, in dem ein magnetisches Feld besteht, ein Drehmoment. Indem man dieses setzt

$$\mathfrak{M} = \mathfrak{m}\,\mathfrak{H}, \qquad (10{,}1)^{1)}$$

wobei $\mathfrak{H}$ die magnetische Feldstärke an der Stelle des Trägers ist, hat man die Größe $\mathfrak{m}$, magnetisches Moment, definiert, und unter gewissen Voraussetzungen kann man durch

$$\mathfrak{F} = p\,\mathfrak{H} \qquad (10.2)^{1)}$$

die magnetische Ladung p definieren.

Um die erhobene Frage zu beantworten, schreiben wir der Reihe nach an:

Die Kraft $\mathfrak{F}_1$ zwischen zwei ruhenden Trägern der elektrischen Ladungen Q_1 und Q_2:

$$\mathfrak{F}_1 = h_1 \frac{Q_1 Q_2}{4\pi r^2} \cdot \mathfrak{r}^0, \qquad (10.3)$$

ferner die Kraft $\mathfrak{F}_2$ zwischen zwei bewegten Ladungsträgern, deren Geschwindigkeiten $\mathfrak{v}_1$ und $\mathfrak{v}_2$ sind, oder, was mit $Q\,\mathfrak{v} = I\,\mathfrak{l}$ dasselbe ist, die Kraft zwischen zwei Leitungsstromträgern $I_1\,\mathfrak{l}_1$ und $I_2\,\mathfrak{l}_2$:

$$\mathfrak{F}_2 = h_2 \frac{Q_1 Q_2}{4\pi r^2} \cdot \mathfrak{v}_2 \times (\mathfrak{v}_1 \times \mathfrak{r}^0) = h_2 \frac{I_1 I_2}{4\pi r^2} \cdot \mathfrak{l}_2 \times (\mathfrak{l}_1 \times \mathfrak{r}^0), \qquad (10.4)$$

ferner die Kraft $\mathfrak{F}_3$ zwischen einem Träger einer magnetischen Ladung p_2 und einem mit der Geschwindigkeit $\mathfrak{v}_1$ bewegten Träger der elektrischen Ladung Q_1, oder, was dasselbe ist, die Kraft zwischen einem Träger der magnetischen Ladung p_2 und einem Leitungsstromträger $I_1\,\mathfrak{l}_1$:

$$\mathfrak{F}_3 = h_3 \frac{Q_1 p_2}{4\pi r^2} \mathfrak{v}_1 \times \mathfrak{r}^0 = h_3 \frac{I_1 p_2}{4\pi r^2} \mathfrak{l}_1 \times \mathfrak{r}^0, \qquad (10.5)$$

schließlich die Kraft $\mathfrak{F}_4$ zwischen zwei ruhenden Trägern magnetischer Ladungen p_1 und p_2:

$$\mathfrak{F}_4 = h_4 \frac{p_1 p_2}{4\pi r^2} \mathfrak{r}^0. \qquad (10.6)$$

---

1) *M*, daher *F*, ferner *H* sind vorweg gegebene Größen. — Eine andere Definition des magnetischen Moments und der magnetischen Ladung (Polstärke) ergibt sich mit den Gleichungen $\mathfrak{M} = \mathfrak{m}_B \times \mathfrak{B}$ und $\mathfrak{F} = p_B\,\mathfrak{B}$. Die Größen $\mathfrak{m}$ und p sind unabhängig von der Permeabilität des Raumes, in den der Magnetismusträger eingebettet ist. Sie sind darum Eigenschaften des Magnetismusträgers allein, die Größen $\mathfrak{m}_B$ und p_B sind dieses nicht. Vergleiche: J. Fischer, Arch. f. Elektrot. 45 (1960) S. 157—161.

Überall ist $r = |\mathfrak{r}_{12}|$ der Abstand und $\mathfrak{r}_{12}$ ist der Fahrstrahl vom ersten zum zweiten Träger, $\mathfrak{r}^0 = \mathfrak{r}_{12}/r$ ist der Einsvektor in Richtung des Fahrstrahles.

Üblicherweise wird (10.3) das COULOMBsche Gesetz der Elektrostatik genannt, (10.4) das AMPÈREsche Gesetz, (10.5) das elektrodynamische Kraftgesetz, (10.6) das COULOMBsche Gesetz der Magnetostatik. Man bezeichnet diese Beziehungen wohl auch als elementare Kraftgesetze. Wir setzen Vakuum voraus, um von Einflüssen der Materie frei zu sein.

Wir haben überall Konstante h hineingeschrieben. Bei $\mathfrak{F}_1$ und $\mathfrak{F}_2$ ist das sicher gerechtfertigt und deswegen notwendig, weil in (10.3) und (10.4) alle Größen, außer h_1 und h_2, vorweg definiert oder Grundgrößen sind. Die Konstanten h_1 und h_2 werden durch diese Beziehungen definiert.

Wenn wir durch

$$\mathfrak{E}_1 = h_1 \frac{Q_1}{4\pi r^2} \mathfrak{r}^0$$

eine Feldgröße $\mathfrak{E}_1$ definieren, erhalten wir

$$\mathfrak{F}_1 = Q_2 \mathfrak{E}_1$$

in Übereinstimmung mit (8.1), und wenn wir durch

$$\mathfrak{B}_1 = h_2 \frac{Q_1}{4\pi r^2} \mathfrak{v}_1 \times \mathfrak{r}^0 = h_2 \frac{I_1}{4\pi r^2} \mathfrak{l}_1 \times \mathfrak{r}^0$$

eine Feldgröße $\mathfrak{B}_1$ definieren, erhalten wir

$$\mathfrak{F}_2 = Q_2 \cdot \mathfrak{v}_2 \times \mathfrak{B}_1 = I_2 \cdot \mathfrak{l}_2 \times \mathfrak{B}_1$$

in Übereinstimmung mit (9.3, 8); die erste Feldgröße beschreibt die Kraftwirkungen bei ruhenden Ladungen, die zweite bei bewegten. Ein weiterer Unterschied besteht nicht, nur die historischen Namen — man nennt $\mathfrak{E}$ eine elektrische, $\mathfrak{B}$ eine magnetische Größe — lassen zunächst einen größeren Unterschied vermuten.

In den Beziehungen (10.5) und (10.6) steht die magnetische Ladung p. Muß sie als nicht weiter definierbar (ableitbar), also als Grundgröße angesehen werden, so ist die Anzahl g der Grundgrößen um eins vermehrt, und es wird eine Konstante mehr erforderlich, etwa h_3. Kann dagegen die Größe p ohne Verletzung der Grundsätze des 7. Abschnittes aus anderen Größen definiert werden, so ist es jedenfalls aus *physikalischen* Gründen nicht erforderlich, sie als Grundgröße einzuführen. Diese Frage läßt sich auf folgendem Wege beantworten:

Mit dem Ausdruck „AMPÈREsche Äquivalenz" wollen wir den folgenden Sachverhalt bezeichnen: Durch die Beziehungen

$$\mathfrak{B}_{tot} = \mu \mathfrak{H} + \mathfrak{J}^p, \quad \operatorname{div} \mathfrak{B}_{tot} = 0, \quad \operatorname{rot} \mathfrak{H} = \mathfrak{G} \qquad (10.7)$$

ist ein (stationäres) magnetisches Feld vollständig und eindeutig bestimmt. $\mathfrak{G}$ ist dabei die Stromdichte der Leitungsstromträger; wir denken uns eine bestimmte, feste räumliche Verteilung und dadurch den Vektor $\mathfrak{G}$ in jedem Raumpunkt gegeben. $\mathfrak{J}^p$ ist die permanente (zeitlich unveränderliche) magnetische Polarisation der Magnetismusträger; wir denken uns eine bestimmte, feste räumliche Verteilung und dadurch den Vektor $\mathfrak{J}^p$ in jedem Raumpunkt gegeben. Wir vergleichen nun das magnetische Feld einer Anordnung von Stromträgern $\mathfrak{G}$ ohne Magnetismusträger ($\mathfrak{J}^p = 0$) mit dem magnetischen Feld einer Anordnung von Magnetismusträgern $\mathfrak{J}^p$ ohne Stromträger ($\mathfrak{G} = 0$). Ist die Verteilung der $\mathfrak{G}$ und $\mathfrak{J}^p$ in beiden Fällen so, daß

$$\mathfrak{G} = \operatorname{rot} \mathfrak{J}^p/\mu \tag{10.8}$$

ist, so kann nicht entschieden werden, ob das magnetische Feld von einer Verteilung von Stromträgern $\mathfrak{G}$ oder von Magnetismusträgern $\mathfrak{J}^p$ hervorgebracht wird. In demselben äußeren (aufgebrachten) Feld sind aber in diesem Fall auch die Kräfte auf die Träger dieselben. Weder in der ausgeübten noch in der erlittenen Wirkung sind die beiden Systeme in magnetischer Hinsicht unterscheidbar. Ob ein magnetisches Feld von einem System starrer elementarer Ströme oder starrer elementarer Permanentmagnete hervorgebracht wird, kann allein durch Untersuchung der ausgeübten und der erlittenen magnetischen Kraftwirkungen auf keinerlei Weise entschieden werden; wenn die Beziehung (10.8) besteht, kann jedes System das andere *ersetzen* (im strengen Sinn mathematischer Gleichheit). — Wir wollen von der Ampèreschen Äquivalenz sprechen, wenn dieser Sachverhalt in jedem Falle und uneingeschränkt besteht.

Dieses freilich kann nur an der Erfahrung nachgeprüft werden. Das Bestehen etwa eines Trägers einer einzelnen, isolierten magnetischen Ladung würde die ausnahmslose Gültigkeit der Ampèreschen Äquivalenz aufheben. Eine solche Vergrößerung der physikalischen Erfahrung würde dann die Anzahl der Grundgrößen vermehren. Bisher sind aber ausnahmslos nur magnetisch polarisierte, jedoch keine magnetisch geladenen Träger bekannt[1]). Wir schließen daraus: der magnetische Dipol ist eine Erscheinung bewegter elektrischer Ladung. Die entsprechende physikalische Größe, das magnetische Moment, oder die magnetische Ladung p,

[1]) Schon A. Sommerfeld (Vorlesungen über theoretische Physik, Bd. III, Elektrodynamik. Wiesbaden, ohne Jahreszahl, im Vorwort datiert 1948) hat bemerkt, daß die Erforschung der Elementarteilchen der Physik in diesem Punkt vielleicht die Erfahrung bereichern könnte. Hierzu vergleiche auch U. Stille, Messen und Rechnen . . ., S. 189. Bis heute sind offenbar keine gesicherten Beobachtungstatsachen verbindlich bekannt, die dazu zwingen würden, die uneingeschränkte Gültigkeit der Ampèreschen Äquivalenz aufzugeben.

ist keine unabhängige Größe, sie ist nicht etwa ein Kennzeichen einer physikalischen Erscheinung, die nicht mehr auf andere zurückführbar wäre. *Grundgesetze sind daher nur die Beziehungen* (10.3) *und* (10.4), *die von Kräften zwischen ruhenden und zwischen bewegten elektrischen Ladungen sprechen, und Kräfte von anderer Art gibt es nicht.* Die Beziehungen (10.5) und (10.6) sind abgeleitete Beziehungen, die die abgeleitete Größe p, magnetische Ladung, enthalten.

Wir wollen das Ergebnis so aussprechen: solange und soweit die AMPÈREsche Äquivalenz zutrifft, ist die magnetische Ladung eine abgeleitete Größe; sie als unabhängige Grundgröße zu setzen, ist formal ebenso zulässig, wie jede Vergrößerung der Zahl der unabhängigen Größen über die notwendige Mindestzahl hinaus zulässig ist; man hat eben dann einen universellen physikalischen Zusammenhang, nämlich die AMPÈREsche Äquivalenz, außer acht gelassen.

Dieses Ergebnis läßt sich unmittelbar aus den angeschriebenen Gleichungen durch die folgende Überlegung herleiten:

Kann man tatsächlich die magnetische Ladung p aus anderen, vorweg gegebenen Größen willkürfrei ableiten, wie behauptet wird, so können in den vier angeschriebenen Kraftgesetzen nicht vier voneinander verschiedene (ungleichartige) physikalische Konstanten h auftreten, vielmehr müssen die Konstanten h_3 und h_4 der beiden Gleichungen (10.5, 6), in den die magnetische Ladung p auftritt, durch die Konstanten h_1 und h_2 vollständig bestimmt sein. Diese beiden sind, wie schon bemerkt wurde, deswegen unerläßlich, weil das COULOMBsche Gesetz (10.3) und das AMPÈREsche Gesetz (10.4) Erfahrungssätze sind (in ihnen sind ja alle Größen, außer h_1 und h_2, vorweg gegebene Größen; durch die beiden Gleichungen werden also die Größen h_1 und h_2 definiert).

Für den Nachweis schreiben wir einfachheitshalber nur den Betrag von $\mathfrak{F}_1$ (10.3)

$$F_1 = h_1 \frac{Q_1 Q_2}{4\pi r^2} \tag{10.9}$$

und den Maximalbetrag von $\mathfrak{F}_2$ (10.4)

$$F_2 = h_2 \frac{Q_1 v_1 \cdot Q_2 v_2}{4\pi r^2} = h_2 \frac{I_1 l_1 \cdot I_2 l_2}{4\pi r^2}. \tag{10.10}$$

Wir definieren nun, zunächst rein formal, eine Größe p durch

$$\begin{aligned} p_1 &= h_2 \cdot Q_1 v_1 = h_2 \cdot I_1 l_1, \\ p_2 &= h_2 \cdot Q_2 v_2 = h_2 \cdot I_2 l_2; \end{aligned} \tag{10.11}$$

dies ist eine eigentliche (echte) Definition; eine solche ist immer zulässig. Setzen wir p_2 in (10.10) ein, so erhalten wir

$$F_3 = \frac{Q_1 v_1 \cdot p_2}{4\pi r^2} = \frac{I_1 l_1 \cdot p_2}{4\pi r^2}; \tag{10.12}$$

dies ist aber der Betrag der elektrodynamischen Kraft ($\mathfrak{F}_3$ in (10.5)). Setzen wir p_1 ein, so kommt

$$F_4 = \frac{1}{h_2} \frac{p_1 p_2}{4\pi r^2}, \tag{10.13}$$

und dies ist der Betrag der COULOMBschen magnetischen Kraft ($\mathfrak{F}_4$ in (10.6)). Es ist also $h_3 = 1$ und $h_4 = 1/h_2$. Die magnetische Ladung (Polstärke) p ist ohne willkürliche Verfügung durch eine eigentliche (echte) Definition aus vorweg gegebenen Größen abgeleitet.

Völlig willkürfrei ergibt sich also, daß das elektrodynamische Kraftgesetz (10.5, 12) eine unabhängige physikalische Konstante nicht enthalten kann: $h_3 = 1$. Das elektrodynamische Kraftgesetz und das COULOMBsche Kraftgesetz der Magnetostatik sind ohne Willkür aus dem AMPÈREschen Gesetz abgeleitet, sie sind also, im Grunde genommen, nur andere Schreibweisen für dieses. *Eine Notwendigkeit, eine unabhängige magnetische Größe einzuführen, ist nirgends vorhanden.*

Bewegen sich die Träger der Ladungen Q_1 und Q_2 mit derselben Geschwindigkeit $\mathfrak{v}_1 = \mathfrak{v}_2 = \mathfrak{v}$, und ist diese immer senkrecht zum Fahrstrahl $\mathfrak{r}_{12}$, so ist die Gesamtkraft

$$F_1 + F_2 = h_1 \frac{Q_1 Q_2}{4\pi r^2}\left(1 - \frac{h_2}{h_1} v^2\right) \tag{10.14}$$

relativistisch richtig. — Es muß also $\sqrt{h_1/h_2}$ eine Größe sein, die den Ausdruck $v^2 \cdot h_2/h_1$ zur reinen (unbenannten) Zahl macht. Andere Überlegungen ergeben, daß $\sqrt{h_1/h_2}$ die Vakuumwellengeschwindigkeit c_0 ist. — Gewöhnlich schreibt man $h_1 = 1/\varepsilon_0$ und $h_2 = \mu_0$.

Läßt man jedoch die Möglichkeit unbeachtet, die magnetische Ladung (Polstärke) p aus vorweg gegebenen mechanischen und elektrischen Größen zu definieren, so wie dies willkürfrei durch die Gleichung (10.11) geschehen ist, setzt man also voraus, daß eine magnetische Größe nicht mehr weiter ableitbar, also unabhängig sei, so muß in (10.5) eine Konstante h_3 stehen, denn in dieser Gleichung sind dann alle Größen, ausgenommen h_3, vorweg definiert oder Grundgrößen. Die vier Konstanten h sind auch hier nicht unabhängig voneinander, vielmehr findet man in diesem Fall

$$h_3 = \frac{1}{c_0}\sqrt{\frac{h_2}{h_1}}, \quad h_4 = \frac{1}{h_2}; \tag{10.15}$$ [1]

wieder ist c_0 die Vakuumwellengeschwindigkeit.

Eine Größe als nicht mehr weiter ableitbar einzuführen, ist natürlich formal immer zulässig und durchführbar. Es muß aber nicht nur gefragt werden, ob das in irgendeiner Hinsicht zweckmäßig ist, sondern zuerst, ob es zwingend notwendig ist. Wir hatten gezeigt (10.11), daß die Größe: magnetische Ladung (Polstärke) aus vorgegebenen Größen abgeleitet werden kann.

[1]) Im 14. Abschnitt ist $1/h_3 = \gamma$ geschrieben, insbesondere in (14.10, 15, 16).

11. Ergebnisse

Die Ergebnisse der Untersuchungen des 8., 9. und 10. Abschnittes lassen sich so aussprechen:

Beim Vordringen von den mechanischen zu den elektrischen Größen tritt eine neue unabhängige elektrische Größe auf, nämlich die elektrische Ladung, und zwar mit zwingender Notwendigkeit bei Befolgung gegebener allgemeiner Grundsätze (7. Abschnitt). Aus der elektrischen Ladung als unabhängiger Grundgröße und den unabhängigen Grundgrößen der Mechanik lassen sich die Größen $\mathfrak{E}$ und $\mathfrak{D}$ definieren, die das elektrische Feld kennzeichnen.

Man kann ferner physikalische Größen $\mathfrak{B}$ und $\mathfrak{H}$, die das magnetische Feld eindeutig und ausreichend kennzeichnen, mit Hilfe vorweg definierter mechanischer und elektrischer Größen und mit Hilfe von Erfahrungssätzen definieren, ohne daß diese Erfahrungssätze in unzulässiger Weise durch Definitionsgleichungen ersetzt würden. Es ist nicht erforderlich, neue Grundgrößen, also aus anderen Größen nicht mehr ableitbare Größen einzuführen. Magnetische Spannung und elektrische Durchflutung sind Größen gleicher Art und ebenso elektrische Spannung und magnetischer Schwund. Sie sind dieses definitionsweise in dem gleichen Sinne, wie etwa Dreiecksinhalte und Kugeloberflächen definitionsweise Größen gleicher Art sind. Auch die magnetische Ladung (Polstärke) und das magnetische Moment sind willkürfrei ableitbare Größen.

Wir kommen hiernach noch einmal auf den Einwand zurück, die beiden Grundgesetze in der Form (9.2) täten dem physikalischen Sachverhalt Zwang an, weil in jedem von ihnen eine magnetische Größe mit einer elektrischen gleich gesetzt sei, und diese Gleichsetzung bringe die grundsätzlich verschiedene Wesensart nicht zum Ausdruck, sondern unterdrücke sie. Dieser Einwand geht an der Sache vorbei. Im Grunde genommen beruht er darauf, daß zwischen physikalischer Erscheinung und physikalischer Größe nicht deutlich genug unterschieden wird. Physikalische Größen sind Kennzeichen physikalischer Erscheinungen, aber nicht diese selber. Die so definierten physikalischen Größen $\mathfrak{B}$ (oder Φ) und $\mathfrak{H}$ (oder V) sind zweifellos ausreichende Kennzeichen des magnetischen Feldes. Sie sind als solche unabhängig von den *Vorstellungen*, die man sich von der Wesensart magnetischer und elektrischer Erscheinungen machen kann. Deswegen trägt es auch nichts zur Sache bei, wenn etwa $H = I\,w/l$ eine elektrische und vielleicht $B = F/I\,l$ eine mechanisch-elektrische Größe genannt wird. Diese (kritisch gemeinten) Benennungen ändern daran nichts, daß $\mathfrak{H}$ und $\mathfrak{B}$ ausreichende Kennzeichen (Größen) des magnetischen Feldes sind, und als solche wird man sie zweckmäßig magnetische Feldgrößen nennen.

Wir fragen nur nach der eindeutigen und ausreichenden Kennzeichnung physikalischer Erscheinungen durch physikalische Größen. Diese haben wir durch systematischen Aufbau der Definition nach den Grundsätzen des 7. Abschnittes erhalten.

Will man in der Form der Gleichungen etwas von der Wesensart der physikalischen Erscheinungen widergespiegelt finden, so ist die Gleichsetzung der magnetischen Umlaufspannung mit der elektrischen Durchflutung und die Gleichsetzung der elektrischen Umlaufspannung mit dem magnetischen Schwund ein befriedigender Ausdruck für die Auffassung, daß in der Natur die elektrischen und die magnetischen Größen auf das engste miteinander verknüpft und gar nicht voneinander unabhängig erfaßbar sind: es gibt kein schwankendes elektrisches Feld ohne magnetisches Feld, es gibt kein schwankendes magnetisches Feld ohne elektrisches Feld, es gibt kein magnetisches Feld ohne elektrischen Strom (ohne Ladungsbewegung). — Genauer ausgedrückt: Die magnetische Umlaufspannung entlang einer geschlossenen Randkurve und die von dieser umfaßte elektrische Durchflutung sind zwei Seiten ein und derselben Naturerscheinung, die nicht voneinander trennbar sind; die elektrische Umlaufspannung entlang einer geschlossenen Randkurve und die zeitliche Abnahme des von dieser umfaßten Induktionsflusses sind zwei Seiten ein und derselben Naturerscheinung, die nicht voneinander trennbar sind. In jedem der beiden Fälle tritt ein *unlösbares Naturphänomen* uns gegenüber. Auch die kinetische Molekularenergie und die Temperatur sind ein unlösbares Naturphänomen, auch die Lichtwellen und die Lichtquanten sind ein solches. Es ist außerordentlich kennzeichnend, daß in den Beziehungen, in denen ein unlösbares Naturphänomen zum Ausdruck kommt, keine Aussagen über Ursache und Wirkung enthalten sind[1]).

Diese Auffassung von den Erscheinungen wollen wir kürzehalber die *elektrodynamische Auffassung* nennen. Sie kennt keine magnetische Erscheinung, die nicht mit einer elektrischen verknüpft wäre. In die Sprache der Größen (Kennzeichen) übersetzt, heißt das: die elektrodynamische Auffassung erkennt die Zulässigkeit, aber durchaus nicht die Notwendigkeit einer magnetischen Grundgröße an; alle magnetischen Größen können aus elektrischen abgeleitet werden. Die *elektromagnetische Auffassung* von den Erscheinungen werden wir die nennen, welche eine nicht mehr weiter ableitbare magnetische Grundgröße postuliert, zum Beispiel den magnetischen Fluß oder die magnetische Polstärke;

[1]) Allerdings wird eine solche Aussage häufig willkürlich unterlegt. Es wird zum Beispiel gesagt, daß ein schwankender magnetischer Fluß eine elektrische Umlaufspannung „hervorbringe", und daß ein elektrischer Leitungsstrom eine magnetische Umlaufspannung „zur Folge habe". Das ist etwa ebenso richtig, wie es die Behauptung wäre, daß die kinetische Molekularenergie die Temperatur „mache" oder „bewirke", oder umgekehrt. — Schon der Mechanismus der einfachsten elektromagnetischen Welle im Nichtleiter offenbart, daß es unzulässig ist, die beiden Hauptgleichungen willkürlich einseitig nach Ursache und Wirkung auszulegen.

als erweiterte elektromagnetische Auffassung bezeichnen wir jene, die auch für den elektrischen Verschiebungsfluß dieselbe Forderung erhebt. Von der *mechanischen Auffassung* werden wir sprechen, wenn die Notwendigkeit anderer, als allein der mechanischen Grundgrößen verneint wird. Die Elektrizitätslehre wird dann ausschließlich mit mechanischen Größen dargestellt. (Hierin konnte man in der Zeit keinen Nachteil finden, in der man noch der Auffassung war, man könne alle elektrischen und magnetischen Vorgänge vollständig durch die Gesetze der Mechanik und allein durch diese darstellen.)

Die elektrodynamische Auffassung kennt nur Kräfte auf ruhende und auf bewegte Ladungen (vergleiche den 10. Abschnitt), sie kennt nicht die magnetische Ladung oder den magnetischen Induktionsfluß, auch nicht den elektrischen Verschiebungsfluß, als selbständige, nicht mehr weiter ableitbare (definierbare) Größen. Nach dieser Auffassung könnten nur Erweiterungen der physikalischen Erfahrung, so zum Beispiel das Auffinden des Trägers der magnetischen Einzelladung, die Anzahl der nicht mehr weiter ableitbaren Größen (Grundgrößen) vermehren, oder das Auffinden bisher unbekannter Zusammenhänge diese Anzahl vermindern.

Vier Grundgrößen hatten wir als ausreichend, aber auch als notwendig gefunden; die Länge l, die Zeit t, die Energie W, die elektrische Ladung Q (die Masse m hat in den Ableitungen eine untergeordnete Rolle gespielt, deswegen sind die Aussagen allgemeiner, wenn wir an ihrer Stelle die Energie als Grundgröße nehmen). *Notwendig ist die Anzahl 4 dadurch, daß bei den Definitionen (Ableitungen) der Größen kein Erfahrungssatz mit einer eigentlichen (echten) Definition vertauscht wird, und ausreichend darum, weil sämtliche Erfahrungssätze, die vorliegen, zu Definitionen von Größen herangezogen werden. Das Bestehen einer elektrischen Grundgröße ist wesentlich. Die hierdurch gerechtfertigte Anzahl 4 legen wir den weiteren Untersuchungen zugrunde*[1]).

12. Größengleichungen und Größen der Elektrizitätslehre

Wir haben im 7. Abschnitt die Grundsätze, im 8., 9. und 10. Abschnitt ihre Anwendungen gezeigt, im 11. Abschnitt die Folgerungen gezogen. Auf diesen Voraussetzungen beruht die folgende Übersicht, in der die hauptsächlichen Größengleichungen der Elektrizitätslehre zusammen-

[1]) Wir bemerken noch, daß unsere Untersuchungen nicht dazu gedient haben, die *Zweckmäßigkeit* der Anzahl 4 der unabhängigen Größen evident zu machen. Zweckmäßigkeit ist nicht eine Angelegenheit theoretischer, sondern eine Sache praktischer Überlegungen. Die Zweckmäßigkeit der Anzahl 4 wird allein dadurch schon offensichtlich, daß man sich klar macht, daß die praktische Messung aller elektrischen und magnetischen Größen sich zurückführen läßt auf die Messung elektrischer Stromstärken, elektrischer Spannungen, Zeiten und Längen.

gestellt sind. Überall wird durch *eine* Gleichung *eine* Größe definiert. Man nennt die hier angegebene Schreibweise die *rationale Form der Größengleichungen.* Sie ist dadurch vor allen anderen Schreibweisen ausgezeichnet, daß sie alle Faktoren enthält, die zur vollständigen Darstellung der physikalischen Zusammenhänge nötig sind, aber darüber hinaus keine anderen Faktoren.

In der Übersicht (Tabelle) bedeuten: $\mathfrak{s}$ die Strecke (Länge), $\mathfrak{a}$ die Fläche, $a = |\mathfrak{a}|$, τ das Volumen, t die Zeit, $\mathfrak{F}$ die Kraft, $\mathfrak{M}$ das Drehmoment (nur in (12.33)), Q die elektrische Ladung. Das sind 4 voneinander unabhängige Größen.

Tabelle 12.1. Größengleichungen und Größen in rationaler Form

	definierende Größengleichung	definierte Größe	Bemerkungen
12.1	$\mathfrak{F} = Q\,\mathfrak{E}$	el. Feldstärke $\mathfrak{E}$	
12.2	$\varepsilon \oint \mathfrak{E}\,d\mathfrak{a} = \mathring{\Sigma} Q$	Dielektr.-konstante ε	
		Vakuumwert ε_0	auch Verschiebungskonstante, Influenzkonstante, el. Feldkonstante
12.3	$\mathfrak{D} = \varepsilon\,\mathfrak{E}$	Verschiebung $\mathfrak{D}$	auch Verschiebungsdichte, auch dielektr. Erregung (Mie)
12.4	$\Psi = \int\limits_a \mathfrak{D}\,d\mathfrak{a}$	Verschiebungsfluß Ψ	auch elektr. Fluß
12.5	$\varepsilon_r = \varepsilon/\varepsilon_0$	Dielektrizitätszahl ε_r	auch relative Dielektrizitätskonstante
12.6	$\mathfrak{D} = \varepsilon_0\,\mathfrak{E} + \mathfrak{P}$	el. Polarisation $\mathfrak{P}$	
12.7	$P/\varepsilon_0 E = \varkappa_e$	el. Suszeptibilität $\varkappa_e$	$\varepsilon = \varepsilon_0(\varkappa_e + 1)$
12.8	$w_e = \int\limits_0^E \mathfrak{E} \cdot d\mathfrak{D}$	räuml. Dichte der el. Feldenergie w_e	$w_e = \mathfrak{E}\,\mathfrak{D}/2$ für $\varepsilon = \text{const}$
12.9	$W_e = \int\limits_\tau w_e\,d\tau$	el. Feldenergie W_e	
12.10	$U_{12} = \int\limits_1^2 \mathfrak{E}\,d\mathfrak{s}$	el. Spannung U_{12}	$\mathring{U} = \oint \mathfrak{E}\,d\mathfrak{s}$ el. Umlaufspannung
12.11	$Q = C\,U_{12}$	Kapazität C	

Tabelle 12.1 (Fortsetzung)

	definierende Größengleichung	definierte Größe	Bemerkungen
12.12	$Q = \int_\tau \eta \, d\tau$	räuml. Dichte der el. Ladung η	
12.13	$Q = \int_a \sigma \, da$	Flächendichte der el. Ladung σ	
12.14	$I = -\frac{dQ}{dt}$	el. Leitungsstrom I	auch Leitungsstromstärke
12.15	$\int_a \mathfrak{G} \, d\mathfrak{a} = \Sigma I$	el. Leitungsstromdichte $\mathfrak{G}$	
12.16	$\int_a \mathfrak{G} \, d\mathfrak{a} + \frac{d\Psi}{dt} = \theta$	el. Durchflutung θ	$\theta \approx \Sigma I$ für $d/dt \approx 0$
12.17	$\mathfrak{E} = \varrho \, \mathfrak{G}$	spez. el. Widerstand ϱ	el. Leitfähigkeit $\varkappa = 1/\varrho$
12.18	$U_{12} = I \, R$	el. Widerstand R	el. Leitwert $G = 1/R$
12.19	$\mathfrak{F} = I \, \mathfrak{l} \times \mathfrak{B} = Q \, \mathfrak{v} \times \mathfrak{B}$	magn. Induktion $\mathfrak{B}$	auch magn. Flußdichte
12.20	$\frac{1}{\mu} \oint \mathfrak{B} \, d\mathfrak{s} = \theta$	Permeabilität μ	
		Vakuumwert μ_0	auch Induktionskonstante, magn. Feldkonstante
12.21	$\mathfrak{B} = \mu \, \mathfrak{H}$	magn. Feldstärke $\mathfrak{H}$	auch magn. Erregung (MIE)
12.22	$\Phi = \int_a \mathfrak{B} \, d\mathfrak{a}$	magn. Induktionsfluß Φ	auch magn. Fluß
12.23	$\mu/\mu_0 = \mu_r$	Permeabilitätszahl μ_r	auch relative Permeabilität
12.24	$\mathfrak{B} = \mu_0 \, \mathfrak{H} + \mathfrak{J}$	magn. Polarisation $\mathfrak{J}$	$\mathfrak{J}/\mu_0 = \mathfrak{M}$ Magnetisierung
12.25	$\varkappa_m = J/\mu_0 H$	magn. Suszeptibilität $\varkappa_m$	$\mu = \mu_0(\varkappa_m + 1)$
12.26	$w_m = \int_0^B \mathfrak{H} \, d\mathfrak{B}$	räuml. Dichte der magn. Feldenergie w_m	$w_m = \mathfrak{B} \, \mathfrak{H}/2$ für $\mu = \text{const}$

Tabelle 12.1 (Fortsetzung)

	definierende Größengleichung	definierte Größe	Bemerkungen
12.27	$W_m = \int_\tau w_m \, d\tau$	magn. Feldenergie W_m	
12.28	$V_{12} = \int_1^2 \mathfrak{H} \, d\mathfrak{s}$	magn. Spannung V_{12}	$\mathring{V} = \oint \mathfrak{H} \, d\mathfrak{s}$ magn. Umlaufspannung
12.29	$W_m = L I^2/2$	Selbstinduktivität L	
12.30	$\Phi_2^{(1)} = L_{12} I_1$	Gegeninduktivität L_{12}	$L_{21} = L_{12}$
12.31	$\Phi = \Lambda V$	magn. Leitwert Λ	
12.32	$\mathfrak{B}_{tot} = \mu_r \mu_0 \mathfrak{H} + \mathfrak{J}^p$	totale magn. Induktion $\mathfrak{B}_{tot}$	bei vorhandener permanenter Polarisation (Permanenz) $\mathfrak{J}^p$
12.33	$\mathfrak{M} = \mathfrak{m} \times \mathfrak{H}$	magn. Moment $\mathfrak{m}$	
12.34	$\mathfrak{F} = p \mathfrak{H}$	magn. Ladung (Polstärke) p	
12.35	$\mathfrak{S} = \mathfrak{E} \times \mathfrak{H}$	Flächendichte der Strahlungsleistung $\mathfrak{S}$	
12.36	$\Gamma = \sqrt{\varepsilon/\mu}$	Feldwellenwiderstand Γ	Vakuumwert $\Gamma_0 = \sqrt{\varepsilon_0/\mu_0}$
12.37	$c = 1/\sqrt{\varepsilon \mu}$	Wellengeschwindigkeit im Nichtleiter c	Vakuumwert $c_0 = 1/\sqrt{\varepsilon_0 \mu_0}$

Die Hauptgleichungen der Elektrizitätslehre sind somit

a) Integralform:

$$\oint \mathfrak{H} \, d\mathfrak{s} = \int_a \mathfrak{G} \, d\mathfrak{a} + \frac{d}{dt} \int_a \mathfrak{D} \, d\mathfrak{a}, \text{ abgekürzt } \mathring{V} = \theta \qquad (12.38)$$

Durchflutungsgesetz,

$$\oint \mathfrak{E} \, d\mathfrak{s} = -\frac{d}{dt} \int_a \mathfrak{B} \, d\mathfrak{a}, \text{ abgekürzt } \mathring{U} = -\frac{d\Phi}{dt} \qquad (12.39)$$

Induktionsgesetz,

$$\oint \mathfrak{D} \, d\mathfrak{a} = \mathring{\Sigma} Q \text{ Satz vom elektrischen Hüllenfluß,} \qquad (12.40)$$

$$\oint \mathfrak{B}_{tot} \, d\mathfrak{a} = 0 \text{ Satz vom magnetischen Hüllenfluß;} \qquad (12.41)$$

b) Differentialform für ruhende Körper:

$$\operatorname{rot} \mathfrak{H} = \mathfrak{G} + \frac{\partial \mathfrak{D}}{\partial t}, \tag{12.42}$$

$$\operatorname{rot} \mathfrak{E} = -\frac{\partial \mathfrak{B}}{\partial t}, \tag{12.43}$$

$$\operatorname{div} \mathfrak{D} = \eta, \tag{12.44}$$

$$\operatorname{div} \mathfrak{B}_{\text{tot}} = 0. \tag{12.45}$$

In den Gleichungen der Tabelle kommen vier voneinander unabhängige Größen mehr vor, als Gleichungen vorhanden sind. Wir sind von der elektrischen Ladung als der vierten, nichtmechanischen unabhängigen Größe ausgegangen (8. Abschnitt). Die angeschriebenen Größengleichungen selbst zwingen nicht dazu. Jedoch ist dieses Vorgehen durch die Vorstellung nahe gelegt, daß die elektrische Ladung die augenfälligste physikalische Erscheinung ist, die nicht mit den Begriffen der Mechanik erfaßt werden kann. Würde man diese Vorstellung stärker von einer anderen Größe, etwa von einer Feldgröße, haben, so würde man diese als vierte, unabhängige, nichtmechanische Größe nehmen. Die Gleichungen bleiben dieselben.

13. Nichtrationale Größengleichungen und Größen (Paralleldefinitionen von Größen)

Zu der rationalen Form der Größengleichungen ist man nicht gezwungen. Für einige Größengleichungen und Größen gibt es, historisch erklärbar, Paralleldefinitionen, nämlich beim Satz vom elektrischen Hüllenfluß, beim Durchflutungsgesetz, bei den Gleichungen für die elektrische und für die magnetische Polarisation. Wir nennen sie die *nichtrationale Schreibweise.* In ihr sind die folgenden Gleichungen von anderer Form, als in der Übersicht des 12. Abschnittes:

$$\oint \mathfrak{D}' \, d\mathfrak{a} = 4\pi \overset{\circ}{\Sigma} Q, \tag{13.1}$$

$$\oint \mathfrak{H}' \, d\mathfrak{s} = 4\pi \Theta', \tag{13.2}$$

$$4\pi \mathfrak{P}' = \mathfrak{D}' - \varepsilon_0' \mathfrak{E}', \tag{13.3}$$

$$4\pi \mathfrak{J}' = \mathfrak{B}' - \mu_0' \mathfrak{H}', \quad \mathfrak{J}'/\mu_0' = \mathfrak{M}' \tag{13.4}$$

an Stelle von (12.40), (12.38), (12.6) und (12.24). Die geänderten Größen sind durch Striche gekennzeichnet. Darum stehen $\mathfrak{s}$ und $\mathfrak{a}$ ohne Striche, denn für die geometrischen Größen Länge, Fläche, Volumen gibt es nur eine Definition, eben die rationale, genau so wie für die Größen der Mechanik, insbesondere also für die Energie. Nichtrationale Paralleldefinitionen für die Größen der Geometrie und der Mechanik werden praktisch nicht in Betracht gezogen. Genau so lassen wir nur eine Definition der physikalischen Größe: elektrische Ladung zu, wie wir schon in der Gleichung (13.1) zum Ausdruck gebracht haben.

Wenn die Grundgröße Q für die rationale und die nichtrationale Form dieselbe ist, dann bestehen die folgenden einfachen Beziehungen zwischen den rationalen und den nichtrationalen Größen[1]):

$$\mathfrak{D}' = 4\pi\,\mathfrak{D}, \text{ daher auch } \Psi' = 4\pi\,\Psi, \tag{13.5}$$

$$\mathfrak{H}' = 4\pi\,\mathfrak{H}, \text{ daher auch } V' = 4\pi\,V, \tag{13.6}$$

$$\mathfrak{J}' = 4\pi\,\mathfrak{J}, \tag{13.7}$$

$$\Lambda' = \Lambda/4\pi, \tag{13.8}$$

$$\varepsilon' = 4\pi\,\varepsilon, \text{ daher auch } \varepsilon_0' = 4\pi\,\varepsilon_0, \tag{13.9}$$

$$\mu' = \mu/4\pi, \text{ daher auch } \mu_0' = \mu_0/4\pi, \tag{13.10}$$

dagegen

$$\mathfrak{E}' = \mathfrak{E},\ \mathfrak{B}' = \mathfrak{B},\ \mathfrak{P}' = \mathfrak{P},\ \Theta' = \Theta \tag{13.11}$$

in (13.1, 2, 3, 4).

Um also zu den nichtrationalen Größengleichungen und Größen zu kommen, hat man nur in den rationalen Größengleichungen des vorangegangenen 12. Abschnittes die Beziehungen (13.5) bis (13.10) zu berücksichtigen. So erhält man die Beziehungen (13.1) bis (13.4), ferner die energetischen Größen

$$w_e = \frac{1}{4\pi}\int_0^{D'} \mathfrak{E}\cdot d\mathfrak{D}',\quad w_e = \frac{1}{8\pi}\,\mathfrak{E}\,\mathfrak{D}', \tag{13.12}$$

$$w_m = \frac{1}{4\pi}\int_0^{B} \mathfrak{H}'\,d\mathfrak{B},\quad w_m = \frac{1}{8\pi}\,\mathfrak{B}\,\mathfrak{H}', \tag{13.13}$$

$$\mathfrak{S} = \frac{1}{4\pi}\,\mathfrak{E}\times\mathfrak{H}'. \tag{13.14}$$

Das Coulombsche Kraftgesetz der Elektrostatik lautet, indem man (13.9) berücksichtigt:

$$F = \frac{1}{\varepsilon}\,\frac{Q_1\,Q_2}{4\pi\,r^2} = \frac{1}{\varepsilon'}\,\frac{Q_1\,Q_2}{r^2}. \tag{13.15}$$

Für die Suszeptibilitäten ergibt sich

$$\varkappa_e' = \frac{P}{\varepsilon_0'\,E} = \frac{\varkappa_e}{4\pi} = \frac{\varepsilon_r - 1}{4\pi}, \tag{13.16}$$

$$\varkappa_m' = \frac{J'}{\mu_0'\,H'} = \frac{\varkappa_m}{4\pi} = \frac{\mu_r - 1}{4\pi}, \tag{13.17}$$

dagegen für die Dielektrizitätszahl und die Permeabilitätszahl

$$\varepsilon_r' = \varepsilon_r,\quad \mu_r' = \mu_r. \tag{13.18}$$

---

[1]) Zur Beweisführung siehe J. Wallot, Physikal. Z. 44 (1943) S. 17—31; Arch. f. Elektrot. 40 (1952) S. 325—331; Größengleichungen . . ., Paragraph 27, 28.

Die Suszeptibilitäten, die Dielektrizitätszahl und die Permeabilitätszahl können (nach den angegebenen Definitionen) als Verhältnisgrößen verstanden werden. Bei rationaler und bei nichtrationaler Schreibweise sind also die beiden ersten Verhältnisgrößen verschieden voneinander, die beiden letzten einander gleich. Die (absolute) Dielektrizitätskonstante und die (absolute) Permeabilität sind nach (13.9) und (13.10) verschieden voneinander[1]). Man muß im Auge behalten, daß es sich hier nicht etwa um verschiedene Zahlenwerte handelt, sondern um parallel definierte Größen, gerade so, wie die Frequenz und die Kreisfrequenz der Sinusschwingung parallel definierte Größen derselben physikalischen Erscheinung sind.

Die Hauptgleichungen der Elektrizitätslehre sind somit in nichtrationaler Form:

a) Integralform:

Durchflutungsgesetz:

$$\oint \mathfrak{H}'\,d\mathfrak{s} = 4\pi \int_a \mathfrak{G}\,da + \frac{d\Psi'}{dt}, \quad \text{abgekürzt } \overset{\circ}{V}' = 4\pi\,\Theta, \tag{13.19}$$

Induktionsgesetz:

$$\oint \mathfrak{E}\,d\mathfrak{s} = -\frac{d}{dt}\int_a \mathfrak{B}\,da, \quad \text{abgekürzt } \overset{\circ}{U} = -\frac{d\Phi}{dt}, \tag{13.20}$$

Satz vom elektrischen Hüllenfluß:

$$\oint \mathfrak{D}'da = 4\pi \overset{\circ}{\Sigma} Q, \tag{13.21}$$

Satz vom magnetischen Hüllenfluß:

$$\oint \mathfrak{B}_{tot}\,da = 0. \tag{13.22}$$

b) Differentialform für ruhende Körper:

$$\operatorname{rot} \mathfrak{H}' = 4\pi\,\mathfrak{G} + \frac{\partial \mathfrak{D}'}{\partial t}, \tag{13.23}$$

$$\operatorname{rot} \mathfrak{E} = -\frac{\partial}{\partial t}\int_a \mathfrak{B}\,da, \tag{13.24}$$

$$\operatorname{div} \mathfrak{D}' = 4\pi\,\eta, \tag{13.25}$$

$$\operatorname{div} \mathfrak{B}_{tot} = 0. \tag{13.26}$$

---

[1]) Zum Beispiel hat dasselbe Material in demselben magnetischen Zustand, wenn man sich in rationalen Größen ausdrückt, die Permeabilitätszahl $\mu_r = 100$, die Permeabilität $\mu = 100\,\mu_0$, die Suszeptibilität $\varkappa_m = 99$, und wenn man sich in nichtrationalen Größen ausdrückt, dieselbe Permeabilitätszahl $\mu_r = 100$, die Permeabilität $\mu' \approx 7{,}956\,\mu_0$ und die Suszeptibilität $\varkappa'_m \approx 7{,}878$.

Eine größere Anzahl von Gleichungen lautet *gleich* in rationaler und in nichtrationaler Form; es existieren eben *nur* die sechs Beziehungen zwischen rationalen und nichtrationalen Größen, die in (13.5) bis (13.10) angegeben sind. Zum Beispiel lauten gleich die Gleichungen im Bereich des OHMschen Gesetzes, die Gleichungen für Kapazität und Induktivität, das Induktionsgesetz und die Gleichung für die elektrodynamische Kraft (Stromkraft).

Die rationale und die nichtrationale Form nebeneinander und durcheinander zu gebrauchen, wird nicht nur der vermeiden, der mit allgemeinen Größengleichungen rechnet, sondern noch viel mehr derjenige, der mit Zahlenwerten und Einheiten rechnen muß. Bei parallel definierten Größen müssen ja auch noch die Einheitenbeziehungen festgestellt und über sie Entscheidungen getroffen werden. Es spricht daher alles dafür, sowohl von der theoretischen als auch von der praktischen Seite her, sich für eine Form der Größengleichungen und daher jeweils für eine Größendefinition zu entscheiden, aber jede Doppelspurigkeit streng zu vermeiden.

Natürlich gibt es Gesichtspunkte, die für die nichtrationale Form angeführt werden können, sonst wäre sie nicht entstanden. Für die rationale Form spricht ihre Einfachheit. Wir unterlassen hier jedes wertende Urteil und entscheiden uns dafür, *ausschließlich die rationale Form der Größengleichungen und die rational definierten Größen zu benutzen.* Wir folgen damit der gegenwärtig überwiegenden Gepflogenheit[1]).

Auf den *engen Zusammenhang zwischen Größendefinition, Einheitenbeziehung und Zahlenwertgleichung* sei noch besonders hingewiesen. Er läßt sich am besten mit Hilfe der WALLOTschen Verknüpfungsbeziehung (5. Abschnitt) übersehen:

a) Die Beziehungen (13.5) bis (13.10) zwischen den nichtrationalen und den rationalen Größen sind von der Form

$$G' = (4\pi)^n\, G, \tag{13.27}$$

wenn mit G' die nichtrationale und mit G die rationale Größe bezeichnet wird. Man kann nun zum Beispiel Gleichheit der Zahlenwerte der nichtrationalen und der rationalen Größe fordern:

$$\{G'\} \overset{!}{=} \{G\}, \tag{13.28}$$

dann besteht notwendig zwischen der Einheit $[G']$ der nichtrationalen Größe und der Einheit $[G]$ der rationalen Größe die Beziehung

$$[G'] = (4\pi)^n\, [G]; \tag{13.29}$$

[1]) In Deutschland setzt sich hierfür seit langem der „Ausschuß für Einheiten und Formelgrößen" ein: das Normblatt „Schreibweise physikalischer Gleichungen", DIN 1313, erschien 1931 in erster Ausgabe.

der Unterschied kommt nicht im Zahlenwert zum Ausdruck, sondern in den Einheiten. Man kann aber auch fordern, daß G' und G in derselben Einheit gemessen werden:

$$[G'] \overset{!}{=} [G], \tag{13.30}$$

dann hat wegen der Kohärenz der Einheiten die Zahlenwertgleichung dieselbe Form wie die Größengleichung:

$$\{G'\} = (4\pi)^n \{G\}; \tag{13.31}$$

der Unterschied kommt nicht in der Einheit zum Ausdruck, sondern in den Zahlenwerten. Dieser Fall ist, von der historischen Entwicklung her gesehen, der näherliegende.

b) Wenn man sich dagegen nach dem oben gegebenen Gesichtspunkte dafür entschließt, nur *eine* Größendefinition zu benutzen, zum Beispiel die rationale:

$$G' \overset{!}{=} G, \tag{13.32}$$

so kann man rationale und nichtrationale Zahlenwerte nach der Zahlenwertgleichung (13.31) unterscheiden, wenn man rationale und nichtrationale Einheiten unterscheidet gemäß

$$[G'] = \frac{[G]}{(4\pi)^n}. \tag{13.33}$$

Betrachtet man also die nichtrationale Zahlenwertgleichung (13.31) als gegebene Voraussetzung — und dies wird häufig getan —, so kann man entweder rationale und nichtrationale Größen definieren gemäß (13.27); dann ist die Einheit für beide dieselbe: (13.30), oder man kann sich auf eine Größendefinition beschränken: (13.32), dann muß man zwischen nichtrationaler und rationaler Einheit unterscheiden: (13.33).

Für die hier genannten Möglichkeiten, sind praktische Beispiele im 6. Abschnitt angegeben worden, ein weiteres wird im 25. Abschnitt durchgeführt werden.

14. Vergrößerung der Anzahl der Grundgrößen

Im 7. Abschnitt ist der naheliegende Gedanke erwähnt worden, die methodische Herleitung der Größen und damit die Bestimmung der Anzahl der unabhängigen Größen auf die Entscheidung darüber zu gründen, wann zwei Größen gegenseitig ersetzbar sind. Zwei allgemeine physikalische Größen seien dann, aber auch nur dann gleichartig, wenn man in jedem Fall die eine für die andere setzen könne (und wenn im speziellen Fall ihre speziellen Werte gleich sind). Wird die Ersetzbarkeit verneint, so kann auch keine Gleichartigkeit bestehen, höchstens Proportionalität mittels eines Proportionalitätsfaktors, der eine physikalische Größe ist, nicht etwa eine reine (unbenannte) Zahl. Wir haben dort auch schon ausgesprochen, daß das Kriterium der „Ersetzbarkeit in jedem Falle“ offenbar eine weniger sichere Methode gibt, als die Befolgung der Grundsätze, die wir dort im Anschluß an die Begriffe: eigentliche (echte) Definition und Erfahrungssatz aufgestellt und im 8. bis 10. Abschnitt angewendet haben. Das Urteil darüber, ob zwei allgemeine physikalische Größen einander in jedem Fall ersetzen können, kann nicht immer mit der gleichen Sicherheit gegeben werden, wie die Entscheidung darüber, ob ein Erfahrungssatz oder ob eine eigentliche Definition vorliegt. (Für die Frage der gegenseitigen Ersetzbarkeit in jedem Falle haben wir beispielsweise einerseits auf die Kondensatorladung und das Zeitintegral des Entladungsstromes hingewiesen, andererseits auf die Wärmemenge und die mechanische Arbeit.) Das Urteil über die gegenseitige Ersetzbarkeit in jedem Falle wird überdies leicht dadurch beeinflußt, daß man Vorstellungen, die man in zulässiger Weise über die physikalischen *Erscheinungen* haben kann, als Forderungen (Behauptungen) in den definierenden Größengleichungen zum Ausdruck bringt.

Man kann zum Beispiel über die elektrischen und magnetischen Erscheinungen die Vorstellung haben, daß sie einander völlig wesensfremd sind. Eine elektrische Umlaufspannung und ein magnetischer Schwund könnten einander keinesfalls gegenseitig ersetzen, deswegen sei es falsch, wenn man die beiden Größen einander gleichsetzt, und dasselbe gelte von der magnetischen Umlaufspannung und der elektrischen Durchflutung; es sei daher unerläßlich, eine (wenigstens eine) unabhängige, nicht mehr weiter ableitbare magnetische Größe anzuerkennen, zum Beispiel die magnetische Polstärke. Hier hat man offenbar aus einer Vorstellung über das Wesen der Erscheinungen eine Forderung an die definierenden Größengleichungen hergeleitet. Wir haben auf diesen Gedanken im 9. Abschnitt ausdrücklich hingewiesen, aber wir haben dort gezeigt, daß die Größen, die die magnetischen genannt werden, definiert (abgeleitet) werden können aus vorweg gegebenen Größen der Mechanik und der elektrischen Ladung. Fordert man über diese hinaus eine weitere unabhängige Größe oder mehrere, so ist das zwar zulässig, aber nicht *notwendig*; man hat dann gegen den Grundsatz der Größenlehre verstoßen, der es verbietet, einen Erfahrungssatz unberücksichtigt zu lassen (mit dem die als unabhängig geforderte Größe in Wirklichkeit abgeleitet werden kann).

Auch auf dem Gebiet der elektrischen Größen ist schon vorgebracht worden, daß der elektrische Fluß und die elektrische Ladung einander nicht in jedem Falle gegenseitig ersetzen könnten, denn es gibt ja quellenlose (ladungslose) elektrische Felder. Daher sei der elektrische Fluß Ψ oder seine Flächendichte $\mathfrak{D}$ eine unabhängige, nicht mehr weiter ableitbare Größe[1]). Wir haben diesen Gedanken im 8. Abschnitt ausdrücklich

[1]) H. SCHÖNFELD, Die wissenschaftlichen Grundlagen der Elektrotechnik, 1. Aufl., Leipzig 1950, S. 115; Elektrot. 5 (1951) S. 157—161.

erwähnt, aber wir haben dort gezeigt, daß $\mathfrak{D} = \varepsilon\,\mathfrak{E}$ eine eigentliche (echte) Definition für die Größe $\mathfrak{D}$ aus vorher definierten, also vorgegebenen Größen $\mathfrak{E}$ und ε ist[1]), und dasselbe gilt natürlich auch für das Flächenintegral Ψ von $\mathfrak{D}$. Zudem kann weder die Feldgröße $\mathfrak{E}$ noch die Feldgröße $\mathfrak{D}$ ermittelt werden, ohne daß die elektrische Ladung zu Hilfe genommen wird ($\mathfrak{E}$: Kraft auf den geladenen Prüfkörper, $\mathfrak{D}$: Mie-sches Doppelscheibchen). Es gibt eben wohl quellenlose elektrische Felder, aber keinen elektrischen Hüllenfluß ohne umhüllte (eingeschlossene) elektrische Ladung. Schon deswegen ist der gemachte Einwand nicht stichhaltig. Den Erfahrungssatz über den Hüllenfluß des elektrischen Feldes hatten wir in (8.6) zur Definition herangezogen. Wäre Ψ oder $\mathfrak{D}$ unabhängige Größe, so müßte die Größe unabhängig bestimmt werden; eine solche selbständige Bestimmung dürfte natürlich weder mittelbar noch unmittelbar von der Größe: elektrische Ladung Gebrauch machen; dieses wäre ja ein Vorgriff auf den erst zu findenden Zusammenhang zwischen elektrischem Fluß und elektrischer Ladung. Solange eine unabhängige Bestimmung für den elektrischen Fluß nicht vorliegt, ist die Konstante k_e in $\Psi' = k_e \cdot Q$ (8.2) zwar formal zulässig, jedoch ohne physikalischen Inhalt.

Im folgenden werden einige Zusammenhänge dargestellt, die sich ergeben, wenn die folgenden, soeben besprochenen Zusammenhänge angenommen werden, nämlich

$$\mathring{\Sigma} Q = \chi \cdot \oint \mathfrak{D}''\, \mathrm{d}\mathfrak{a} \equiv \chi \cdot \mathring{\Psi}'', \quad \sigma = \chi \cdot D_n'' \tag{14.1}$$

für den Zusammenhang zwischen der elektrischen Ladung und dem elektrischen Fluß,

$$k_1 \cdot \Theta = \mathring{V}'' \equiv \oint \mathfrak{H}''\, \mathrm{d}\mathfrak{s} \tag{14.2}$$

für den Zusammenhang zwischen der elektrischen Durchflutung und der magnetischen Umlaufspannung,

$$\mathring{U} \equiv \oint \mathfrak{E}\, \mathrm{d}\mathfrak{s} = k_2 \left(-\frac{\mathrm{d}\Phi''}{\mathrm{d}t}\right) \equiv k_2 \left(-\frac{d}{\mathrm{d}t} \int_a \mathfrak{B}''\, \mathrm{d}\mathfrak{a}\right) \tag{14.3}$$

für den Zusammenhang zwischen der elektrischen Umlaufspannung und dem magnetischen Schwund[2]).

Diese Beziehungen bringen also zum Ausdruck, daß für den elektrischen Fluß Ψ'' (oder seine Flächendichte D''), ebenso für die magnetische Umlaufspannung $\mathring{V}''$ (oder die magnetische Feldstärke H''),

---

[1]) Der Erfahrungssatz lautet nicht etwa $\mathring{\Psi} = \oint \mathfrak{D}\, \mathrm{d}\mathfrak{a} = k_e \cdot \mathring{\Sigma} Q$, sondern er lautet $\varepsilon \oint \mathfrak{E}\, d\mathfrak{a} = \mathring{\Sigma} Q$ und er definiert den Proportionalitätsfaktor ε.

[2]) In (14.2) und (14.3) haben wir uns an die Schreibweise von (9.1) gehalten, in (14.1) haben wir geschrieben $\chi \cdot \Psi'' = Q$ an Stelle von $\Psi'' = k_e \cdot Q$ in (8.2), also $\chi = 1/k_e$.

schließlich für den magnetischen Fluß Φ'' (oder seine Flächendichte B'') unabhängige Bestimmungen vorliegen, also solche, die keine Vorgriffe auf die erst zu findenden Erfahrungssätze (14.1, 2, 3) darstellen. Die Größen, deren Zeichen hier mit Strichen versehen sind, sind daher *andere* Größen als die Größen Ψ, D, $\mathring{V}$, H, Φ, B, die in dem vorangegangenen 8. und 9. Abschnitt definiert worden sind, sie sind nicht gleichartig mit diesen. Wie die unabhängigen Bestimmungen geschehen sollen, beschäftigt uns hier nicht, ebenso nicht die Festsetzung der Einheiten.

a) Aus (14.1) folgt die Größe

$$\chi = \frac{Q}{\Psi''} \qquad (14.4)$$

und daher die Einheit

$$[\chi] = z_e \frac{[Q]}{[\Psi'']}\,; \qquad (14.5)$$

z_e ist ein Zahlenwert. Ist die Konstante χ universell (nicht substanzabhängig), so kann man bei gegebener Einheit $[Q]$ der elektrischen Ladung den Betrag der Einheit $[\Psi'']$ des elektrischen Flusses so einrichten, daß der Zahlenwert $\{\chi\}$ der Konstanten χ eine vorgegebene Zahl wird, zum Beispiel $\{\chi\} = 1$. In diesem Fall ist also

$$\chi = [\chi] = \frac{[Q]}{[\Psi'']}\,, \qquad (14.6)^{1)}$$

die Einheiten werden kohärent.

b) Zu (14.2) und (14.3) nehmen wir an, die Einheit $[V'']$ der magnetischen Spannung und die Einheit $[\Phi'']$ des magnetischen Flusses lägen vor. Dann kann man die Konstanten k_1 und k_2, die durch die beiden Beziehungen definiert werden, in der Form schreiben

$$\left.\begin{aligned} k_1 &= \{Z_1\}\frac{[V'']}{[I]} = \{Z_1\}\frac{[V'']\,[t]}{[Q]}\,, \\ k_2 &= \{Z_2\}\frac{[U]\,[t]}{[\Phi'']} = \{Z_2\}\frac{[W]\,[t]}{[\Phi'']\,[Q]}\,. \end{aligned}\right\} \qquad (14.7)$$

$\{Z_1\}$ und $\{Z_2\}$ sind Zahlenwerte, $[I] = [Q]/[t]$ ist die Einheit der elektrischen Stromstärke, $[U] = [W]/[Q]$ ist die Einheit der elektrischen Spannung, $[W]$ die Einheit der Energie, $[Q]$ die der elektrischen Ladung, $[t]$ die der Zeit. Es ist also auch

$$\frac{k_1}{k_2} = \frac{1}{\{Z\}}\,\frac{[V'']\,[\Phi'']}{[W]}\,; \qquad (14.8)$$

dabei haben wir zur Abkürzung

$$\frac{\{Z_2\}}{\{Z_1\}} = \{Z\} \qquad (14.9)$$

geschrieben.

1) Man denke etwa an die Ladungseinheit $[Q] = 1$ A s und wähle einen Namen für die Flußeinheit $[\Psi'']$, um die Größe $\chi = [\chi]$ in Worten aussprechen zu können.

Wenn wir die Stellung von V'' und Φ'' als unabhängige Größen aufgeben: $V'' = V$, $\Phi'' = \Phi$, und zum Beispiel die Einheiten benutzen $[V''] = [V] = 1$ A, $[\Phi'] = [\Phi] = 1$ V s, so werden hiernach k_1 und k_2 reine (unbenannte) Zahlen. Wir hatten diese bei der Definition der Größen V und Φ im 9. Abschnitt mit dem Wert 1 angenommen. Dies ist berechtigt, denn es ist unzweckmäßig, Definitionen mit vermeidbaren Zahlenfaktoren zu belasten.

c) Zu (14.2) und (14.3) wird gewöhnlich der Fall angenommen, daß nur eine zusätzliche unabhängige magnetische Größe gesetzt wird, zum Beispiel entweder der magnetische Fluß Φ'' oder die magnetische Spannung V''. (Man kann so vorgehen, muß es aber nicht tun: mit (14.1) sind zwei unabhängige elektrische Größen gesetzt (postuliert) worden, nämlich die elektrische Ladung und der elektrische Fluß. Entsprechend kann man auch bei den magnetischen Größen zwei unabhängige Größen fordern.)

Es sind hier zwei Wege möglich:

Setzt man Φ'' als einzige zusätzliche Grundgröße voraus, so kann man mit den Methoden des 9. Abschnittes Größen B'', μ'', H'', V'' definieren, die den Größen B, μ, H, V entsprechen. Dasselbe kann man auch tun, indem man V'' als einzige zusätzliche Grundgröße voraussetzt. Wir können hier auf die Durchführung verzichten, sie bringt an keiner Stelle etwas Neues. Ein wesentliches Ergebnis ist in jedem der beiden Fälle, daß die Konstanten k_1 und k_2 in den beiden Beziehungen (14.2) und (14.3) einander gleich werden; wir schreiben sie darum

$$k_1 = k_2 = \frac{1}{\gamma}. \qquad (14.10)^{1)}$$

Man kann aber auch eine Dimensionsbetrachtung anstellen und fordern, daß das Dimensionsprodukt $\mathsf{V}'' \, \mathsf{\Phi}''$ gleich der Dimension W der Energie sei, oder, indem wir die qualitative Aussage über Dimensionen durch die quantitative Aussage über Einheiten ersetzen: man kann fordern, daß das Produkt der Einheiten $[V''] \, [\Phi'']$ bis auf einen Zahlenfaktor gleich sei der Energieeinheit $[W]$. Dann zeigt aber die Beziehung

---

[1]) Die Größe γ wurde von Pl. Andronescu „Universalkonstante" genannt, von R. Fleischmann „elektromagnetische Verkettung" (Pl. Andronescu, Arch. f. Elektrot. 30 (1936) S. 46—57; Bull. Schweiz. Elektrot. Ver. 29 (1938) S. 297—299; R. Fleischmann a. a. O.).

Es liegt nahe, die universelle Größe γ selbst zur Grundgröße zu erklären. Das ist aber nicht empfehlenswert, denn dann gehört sie zu den Größen, über die besonders wenige Aussagen gemacht werden können. Hierauf hat J. Wallot hingewiesen. Er hat auch über die Behandlung der theoretischen Seite hinaus sich mit den praktischen Folgen auseinandergesetzt, die die Einführung der Größe γ für das zahlenmäßige Rechnen mit sich bringt (J. Wallot, Größengleichungen ..., Paragraph 61).

(14.8), daß k_1 und k_2 sich nur um einen Faktor unterscheiden können, der eine reine (unbenannte) Zahl ist. Es ist dann nur nötig, über den Betrag *einer* Einheit eine Verfügung zu treffen, um zu erreichen, daß $k_1 = k_2$ wird.

Führt man (14.10) in die Beziehungen (14.7, 8) ein, so erhält man

$$\gamma = \frac{1}{\{Z_1\}} \frac{[Q]}{[V''] [t]} = \frac{1}{\{Z_2\}} \frac{[\Phi''] [Q]}{[W] [t]}, \tag{14.11}$$

$$[V''] [\Phi''] = \{Z\} [W]. \tag{14.12}$$

Ist also zum Beispiel V'' Grundgröße, so ist

$$[\Phi''] = \{Z\} [W]/[V''], \tag{14.13}$$

ist Φ'' Grundgröße, so ist

$$[V''] = \{Z\} [W]/[\Phi'']. \tag{14.14}$$

Die Beziehungen (14.11) geben Auskunft, wie die Größe γ darzustellen ist bei gegebenen Einheiten für Q, t, V'' oder für Q, t, W, Φ''.

Ist die Größe γ eine universelle (substanzunabhängige) Konstante, so kann man nach (14.11) der Einheit $[V'']$ oder der Einheit $[\Phi'']$ einen solchen Wert geben, daß der Zahlenwert $\{\gamma\}$ der Konstanten γ eine vorgegebene Zahl wird, zum Beispiel $\{\gamma\} = 1$. In diesem Fall ist also

$$\gamma = [\gamma] = \frac{[Q]}{[V''] [t]} = \frac{[\Phi''] [Q]}{[W] [t]}, \tag{14.15}$$

oder mit der Einheit der elektrischen Stromstärke $[I] = [Q]/[t]$ und der Einheit der elektrischen Spannung $[U] = [W]/[Q]$ auch

$$\gamma = [\gamma] = \frac{[I]}{[V'']} = \frac{[\Phi'']}{[U] [t]}, \tag{14.16}$$ [1]

die Einheiten werden kohärent.

d) Die Hauptgleichungen der Elektrizitätslehre bei *sechs* Grundgrößen: Sind der elektrische Verschiebungsfluß Ψ'' und der magnetische Induktionsfluß Φ'' (oder die magnetische Spannung V'') zusätzliche unabhängige Grundgrößen, so nehmen die Hauptgleichungen die Form an

$$\gamma \cdot \mathring{V}'' \equiv \gamma \oint \mathfrak{H}'' \, d\mathfrak{s} = \theta, \tag{14.17}$$

$$\gamma \cdot \mathring{U} \equiv \gamma \oint \mathfrak{E} \, d\mathfrak{s} = -\frac{d\Phi''}{dt}, \tag{14.18}$$

$$\chi \cdot \mathring{\Psi}'' \equiv \chi \oint \mathfrak{D}'' \, d\mathfrak{a} = \mathring{\Sigma} Q \tag{14.19}$$

---

[1]) Man denke etwa an die Einheit $[I] = 1$ A der Stromstärke und die Einheit $[U] = 1$ V der elektrischen Spannung und wähle entweder für die Einheit $[V'']$ der magnetischen Spannung oder für die Einheit $[\Phi'']$ des magnetischen Flusses einen Namen, um die Größe $\gamma = [\gamma]$ in Worten aussprechen zu können.

oder

$$\gamma \cdot \mathrm{rot}\,\mathfrak{H}'' = \mathfrak{G} + \chi \frac{\partial \mathfrak{D}''}{\partial t}, \quad (14.20)$$

$$\gamma \cdot \mathrm{rot}\,\mathfrak{E} = -\frac{\partial \mathfrak{B}''}{\partial t}, \quad (14.21)$$

$$\chi\,\mathrm{div}\,\mathfrak{D}'' = \eta, \quad (14.22)$$

$$\mathrm{div}\,\mathfrak{B}'' = 0. \quad (14.23)$$

Die Konstante χ ist in (14.5) erklärt, ein möglicher spezieller Wert ist in (14.6) angegeben; die Konstante γ ist in (14.11) erklärt, ein möglicher spezieller Wert ist in (14.15) angegeben.

15. Bemerkungen zum geschichtlichen Werdegang

Man darf sagen, daß erst die Arbeiten Wallots (1922, 1926) die Fruchtbarkeit des Begriffes der allgemeinen physikalischen Größe und der Größengleichung aufgedeckt haben[1]). Vorher war die Tragweite dieser Begriffe nicht klar erkannt gewesen, denn sonst wären sie auch schon von den Klassikern der Physik des vergangenen Jahrhunderts sicherlich weitgehend angewendet worden. Daß dies im wesentlichen nicht der Fall war, beweist die Literatur. Man hat vielmehr bis dahin zweifellos ganz überwiegend *nur Zahlenwertgleichungen* gekannt und *nur* mit diesen die physikalischen Zusammenhänge dargestellt. Zahlenwertgleichungen sind nur sinnvoll in bezug auf gewählte Einheiten; um eben *nicht* mit den Einheiten Rechnungen anstellen zu müssen, hat man überhaupt nur solche Sätze von Einheiten als „Systeme" gelten lassen, in denen alle Einheiten untereinander kohärent sind. — Man darf wohl sagen: die Klassiker der Physik des vergangenen Jahrhunderts haben nicht beabsichtigt, *Größen* zu definieren, sondern sie haben Einheiten entwickelt, um mit *Zahlenwerten* in Gleichungen rechnen zu können. Deswegen war das Augenmerk auch fast ausschließlich auf die betragsmäßige Festlegung der Einheiten gerichtet. Von geringerer Bedeutung schien es damals zunächst zu sein, ob die (nach heutiger Auffassung) willkürlichen Verfügungen, durch die man die Einheit der elektrischen Ladung oder der magnetischen Polstärke *gleich setzte* einem Potenzenprodukt der drei mechanischen Grundeinheiten, auch jedem Einwand standhalten können, bis dann doch Bedenken dagegen angemeldet wurden[2]).

[1]) J. Wallot, Elektrot. Z. 43 (1922) S. 1329—1333 und 1381—1386; Handbuch der Physik, herausgegeben von H. Geiger und K. Scheel, Bd. II, Kap. 1, S. 1—41, Berlin 1926.

[2]) Zum Beispiel spricht A. W. Rücker von den „unterdrückten physikalischen Dimensionen": Proc. Phys. Soc. London 10 (1888) S. 37—50; Phil. Mag. (5) 27 (1889) S. 104 u. f.

Bei einer Betrachtung der geschichtlichen Entwicklung muß man also vor den Arbeiten WALLOTS von der Anzahl g der unabhängigen Einheiten sprechen, erst nachher ist es berechtigt, von der Anzahl g der unabhängigen Größen zu reden.

J. C. MAXWELL (1873) kommt durch eine Dimensionsbetrachtung zu der Feststellung[1]), daß die Einheiten der elektrischen und magnetischen Größen sich eindeutig ausdrücken lassen als Potenzenprodukte aus vier unabhängigen Einheiten, nämlich Einheiten der Länge, der Zeit, der Masse und entweder der elektrischen Ladung oder der magnetischen Polstärke: also $g = 4$. Indem er dann, in der Sprache der Größenlehre ausgedrückt, entweder das elektrostatische oder das magnetostatische COULOMBsche Kraftgesetz in der auf C. F. GAUSS zurückgehenden Weise[2]) aus einem Erfahrungssatz umdeutet in eine Definitionsgleichung, kommt er auf $g = 3$. Hierbei bleibt es in der Physik im wesentlichen, bis G. GIORGI (1901)[3]) es wieder klar ausspricht, daß in der Elektrizitätslehre die Anzahl der unabhängigen Einheiten $g = 4$ sein müsse. Aber zum Durchbruch und zur wachsenden Anerkennung kommt diese Einsicht erst durch G. MIE (1910)[4]). Er beruft sich darauf, daß die Bestimmung aller elektrischen und magnetischen Größen auf Messungen der Länge, der Zeit, der elektrischen Ladung und der elektrischen Spannung zurückgeführt werden können; er baut als erster in seinem Lehrbuch[4]) die ganze Elektrizitätslehre durchgehend und folgerichtig mit einem kohärenten Einheitensystem auf, dessen Grundeinheiten vier unabhängige Einheiten der Länge, der Zeit, der elektrischen Ladung und der elektrischen Spannung sind. Man darf daher sagen, daß das Lehrbuch von G. MIE einen Wendepunkt in der Elektrizitätslehre darstellt. Auf die Bedeutung auf G. GIORGI und G. MIE für die Entwicklung der Einheiten im einzelnen werden wir im 19. Abschnitt zurückkommen.

Daß in der Elektrizitätslehre $g = 5$ sein müsse, wurde in der theoretischen Elektrotechnik von PL. ANDRONESCU[5]) und kurz darauf in der theoretischen Physik von F. HUND[6]) gefordert. Mit der Frage: vier, fünf oder drei Grundeinheiten hat sich auch A. SOMMERFELD auseinandergesetzt[7]). Etwa gleichzeitig miteinander nehmen verschiedene

---

1) J. C. MAXWELL, Treatise ... Oxford 1873, hier: Art. 621—623.

2) C. F. GAUSS, Gött. Gel. Anz. 1832, S. 2041 (Die Intensität der erdmagnetischen Kraft, auf absolutes Maß zurückgeführt). Leichter zugänglich in: OSTWALDS Klassiker der exakten Naturwissenschaften, Bd. 53, Leipzig 1894.

3) G. GIORGI, Atti Ass. elettrot. Ital. 5 (1901) S. 402—408.

4) G. MIE, Lehrbuch der Elektrizität und des Magnetismus. 1. Aufl., Stuttgart 1910.

5) PL. ANDRONESCU, Arch. f. Elektrot. 30 (1936) S. 46—57; Bull. Schweiz. Elektrot. Ver. 29 (1938) S. 297—299.

6) F. HUND, Phys. Z. 39 (1938) S. 376 u. f.

7) A. SOMMERFELD, Vorlesungen über theoretische Physik, Bd. III, Elektrodynamik. Wiesbaden, ohne Jahreszahl (im Vorwort datiert 1948).

Autoren erneut Stellung: W. KOSSEL[1]) vertritt den Standpunkt, daß kein anderes, als ein elektrostatisches System mit den Grundeinheiten cm, s, g, also $g = 3$, begrifflich berechtigt sei. H. SCHÖNFELD[2]) fordert $g = 6$, indem er nicht nur die elektrische Ladung, sondern auch den elektrischen Verschiebungsfluß und den magnetischen Induktionsfluß als nicht mehr weiter ableitbare Größen erklärt. R. FLEISCHMANN[3]) setzt $g = 5$, er hat eine unabhängige magnetische Größe.

J. WALLOT kommt zu dem Ergebnis[4]), daß „für eine gegebene Menge von Größen die Zahl g der notwendigen Grundgrößen ... einen Mindestwert hat". Als diesen findet er $g = 4$ in der Elektrizitätslehre, so daß $g = 3$ jedenfalls eine zu kleine und $g = 5$ eine unnötig große Anzahl unabhängiger Größen der Elektrizitätslehre ist. Wesentlich zu demselben Ergebnis kommt G. OBERDORFER[5]).

II. Einheiten

16. Einheiten und Größengleichungen. Fundamentaleinheiten

Für die Herleitung von Einheiten gehen wir von dem Grundsatz aus, daß zuerst die Größengleichungen aufgestellt werden müssen und danach aus diesen die Einheitenbeziehungen hergeleitet werden. In einem Einheitensystem gibt es daher genau so viele voneinander unabhängige Einheiten, als voneinander unabhängige Größen in dem System der vorgegebenen Größengleichungen vorhanden sind. Diese Sätze bilden die Grundlage für die Theorie der Einheiten und Einheitensysteme. Es war daher auch in dieser Hinsicht unerläßlich, eine sichere Methode, mit der die notwendige und hinreichende Anzahl voneinander unabhängiger Größen bestimmt werden kann, anzugeben und durchzuführen. Wir hatten gefunden (7. Abschnitt), daß nach heutigem Wissensstand der Physik die sämtlichen physikalischen Zusammenhänge der Elektrizitätslehre willkürfrei mit Hilfe von vier voneinander unabhängigen Größen dargestellt werden können. Jede kleinere Anzahl ist unzureichend, jede größere ist unnötig. — Wie im 13. Abschnitt gesagt wurde, benutzen wir rational definierte Größen und rational geschriebene Größengleichungen. Auf diese beziehen wir uns daher in sämtlichen folgenden Ableitungen

[1]) W. KOSSEL, Zur Darstellung der Elektrizitätslehre, Mosbach 1949; Studium Generale 3 (1959) S. 664—678.

[2]) H. SCHÖNFELD, Die wissenschaftlichen Grundlagen der Elektrotechnik, 1. Aufl. Leipzig 1950, 2. Aufl. Leipzig 1952; Elektrot. 5 (1951) S. 157—161.

[3]) R. FLEISCHMANN, Z. f. Phys. 129 (1951) S. 377—400; 138 (1954) S. 301—308; Phys. Bl. 9 (1953) S. 301—313; Naturw. 41 (1954) S. 625—629.

[4]) J. WALLOT, Größengleichungen ..., Vorwort und Paragraph 30, 31, 71, 72.

[5]) G. OBERDORFER, Die Maßsysteme ..., S. 54.

von Einheiten und Einheitenbeziehungen, soweit nicht ausdrücklich darüber etwas anderes gesagt wird.

Die Grund- oder Ausgangseinheiten, aus denen mit Hilfe der Größengleichungen die weiteren Einheiten abgeleitet werden, beruhen auf Fundamentaleinheiten (Ureinheiten) oder sind mit diesen identisch. Fundamentaleinheiten werden durch Übereinkünfte (Konventionen) festgelegt. Sie müssen wohl definiert, konstant und anerkannt sein. Die Konventionen können sich beziehen sowohl auf definierende Meßvorschriften (Normalanordnungen in Normalzuständen), als auch auf die zahlenmäßige Erfassung körperlicher Eigenschaften von Normalstücken, die in einem Archiv aufbewahrt werden. Die Festsetzung der Fundamentaleinheiten selbst und ihre Benennungen, aber auch die Benennungen und Symbole aller Einheiten ist Sache der Übereinkünfte, heute Sache internationaler Verabredungen. Hierüber und über den geschichtlichen Werdegang, über die Arbeit der internationalen Körperschaften gibt es ausgezeichnete und ausführliche Darstellungen[1]). Wir werden daher hier nicht darauf eingehen, wie die verschiedenen Fundamentaleinheiten bestimmt sind, wie genau sie bekannt sind, welche Kritik an den definierenden Verfahren zu üben ist und welche Verbesserungen oder Abänderungen vorgenommen werden könnten. Wir nehmen also insbesondere die Einheiten 1 Meter für die Länge, 1 Sekunde für die Zeit und 1 Kilogramm für die Masse als gegeben hin. Da die Masse in der Elektrizitätslehre eine geringe Rolle spielt, merken wir sogleich einige Energie-, Kraft- und Leistungs-Einheiten an:

Energie W:

$$1\,\mathrm{kg}\cdot\mathrm{m}^2/\mathrm{s}^2 = 1\,\mathrm{J} = 1\,\mathrm{W}\cdot\mathrm{s} = 1\,\mathrm{N}\cdot\mathrm{m} = 10^7\,\mathrm{erg}, \qquad (16.1)$$

$$1\,\mathrm{g}\cdot\mathrm{cm}^2/\mathrm{s}^2 = 1\,\mathrm{erg} = 1\,\mathrm{dyn}\cdot\mathrm{cm} = 10^{-7}\,\mathrm{J}; \qquad (16.2)$$

Kraft F:

$$1\,\mathrm{kg}\cdot\mathrm{m}/\mathrm{s}^2 = 1\,\mathrm{N} = 1\,\mathrm{J}/\mathrm{m} = 10^5\,\mathrm{dyn}, \qquad (16.3)$$

$$1\,\mathrm{g}\cdot\mathrm{cm}/\mathrm{s}^2 = 1\,\mathrm{dyn} = 1\,\mathrm{erg}/\mathrm{cm} = 10^{-5}\,\mathrm{N}; \qquad (16.4)$$

Leistung P:

$$1\,\mathrm{kg}\cdot\mathrm{m}^2/\mathrm{s}^3 = 1\,\mathrm{J}/\mathrm{s} = 1\,\mathrm{W} = 1\,\mathrm{N}\cdot\mathrm{m}/\mathrm{s} = 10^7\,\mathrm{erg}/\mathrm{s}. \qquad (16.5)$$

J ist die Energieeinheit Joule, N die Krafteinheit Newton, W die Leistungseinheit Watt. Weitere Energieeinheiten sind in Tabelle XV angegeben. Die kohärente Einheit der Wirkung ist das Produkt aus Energieeinheit und Zeiteinheit.

Mit dem Ausdruck „Internationales Einheiten-System“ wird das Einheitensystem bezeichnet, das gegründet ist auf die sechs voneinander unabhängigen Einheiten Meter, Sekunde, Kilogramm, Ampere, Grad Kelvin, Candela als Fundamentaleinheiten (Basiseinheiten),

[1]) Insbesondere: U. Stille, Messen und Rechnen in der Physik, Braunschweig 1955.

so wie diese von der zehnten Generalkonferenz für Maß und Gewicht 1954 angenommen worden sind. In vielen Ländern der Erde sind diese Einheiten durch Gesetz für verbindlich erklärt.

A. Praktische Einheiten

17. Die gegenwärtig geltenden absoluten praktischen Einheiten (MKSA-Einheiten)

Seit 1. Januar 1948 gelten international die *absoluten praktischen Einheiten.* Sie bilden ein kohärentes System, dessen Fundamentaleinheiten 1 m für die Länge, 1 s für die Zeit, 1 kg für die Masse und 1 A für die elektrische Stromstärke sind. Gebräuchliche Namen sind: MKSA-System und: GIORGIsches System.

Die Masse als eine Größe der Mechanik ist für die Elektrizitätslehre dort von Bedeutung, wo es sich um Zusammenhänge zwischen Größen der Mechanik und der Elektrizitätslehre handelt. Alle praktischen Messungen elektrischer und magnetischer Größen lassen sich zurückführen auf Messungen von Strömen oder Ladungen, Spannungen oder Spannungsstößen, Zeiten und Längen[1]). Mit Rücksicht auf diese Tatsache drücken wir die Definitionen sogleich mit Bezug auf die Stromstärkeeinheit und die Spannungseinheit so aus:

Die absoluten praktischen Einheiten der elektrischen Stromstärke 1 A und der elektrischen Spannung 1 Volt V lassen sich definieren durch die beiden Festlegungen, daß die Beziehungen

$$\mathbf{1\,A\,s\,V = 1\,J = 1\,W\,s = 1\,N\,m = 1\,kg\,m^2/s^2} \qquad (17.1)$$

und

$$\mu_0 = \frac{4\pi}{10^7}\,\frac{\mathbf{V\,s}}{\mathbf{A\,m}} \qquad (17.2)$$

exakt gelten sollen. Die elektrische Energieeinheit 1 A s V soll also kohärent sein mit der mechanischen Energieeinheit 1 kg · m²/s², und die Induktionskonstante μ_0 soll einen vorgeschriebenen Wert haben. In der Tat ist dann nach (17.1) die Spannungseinheit

$$1\,\mathrm{V} = 1\,\frac{\mathrm{kg\,m^2}}{\mathrm{A\,s^3}} \qquad (17.3)$$

kohärent abgeleitet aus den angegebenen vier Fundamentaleinheiten.

Indem man (17.1) in (17.2) einsetzt, erhält man

$$\mu_0 = \frac{4\pi}{10^7}\,\frac{\mathrm{N}}{\mathrm{A^2}} = \frac{4\pi}{10^7}\,\frac{\mathrm{V\,s}}{\mathrm{A\,m}} = \frac{4\pi}{10^7}\,\frac{\mathrm{H}}{\mathrm{m}} = 1{,}25667\ldots\cdot 10^{-6}\,\frac{\mathrm{V\,s}}{\mathrm{A\,m}}$$
$$= 1{,}25667\ldots\cdot 10^{-6}\,\frac{\mathrm{H}}{\mathrm{m}}\,; \qquad (17.4)$$

H ist die Einheit Henry der Induktivität.

---

[1]) Man verwendet keine Massen-Meßgeräte für die Messung elektrischer und magnetischer Größen. Man mißt praktisch den elektrischen Widerstand eines Stromleiters in V/A und nicht in kg · m²/A² · s³.

Durch μ_0 nach (17.2) und durch den aus *Messungen* ermittelten Wert der Vakuumwellengeschwindigkeit

$$c_0 \approx 2{,}99792 \cdot 10^8 \frac{\mathrm{m}}{\mathrm{s}} \tag{17.5}$$

(Bestwert 1954), ist die Influenzkonstante (Verschiebungskonstante, elektrische Feldkonstante) ε_0 bestimmt zu

$$\begin{aligned} \varepsilon_0 = \frac{1}{\mu_0 c_0^2} &\approx 0{,}88542 \cdot 10^{-11} \frac{\mathrm{A\,s}}{\mathrm{V\,m}} \\ &= 0{,}88542 \cdot 10^{-11} \frac{\mathrm{F}}{\mathrm{m}}; \end{aligned} \tag{17.6}$$

F ist die Einheit Farad der Kapazität. Der Vakuumwellenwiderstand ist

$$\Gamma_0 = \sqrt{\frac{\mu_0}{\varepsilon_0}} = \mu_0 c_0 = \frac{1}{\varepsilon_0 c_0} \approx 376{,}73 \frac{\mathrm{V}}{\mathrm{A}}. \tag{17.7}$$

Die Benennung „absolute" Einheiten ist dadurch gerechtfertigt, daß die Induktionskonstante, die nach (17.2) zur Festlegung dient, eine universelle Größe ist, also nicht von Substanzeigenschaften abhängt.

Nach (17.1, 2) ist also

$$1\,\mathrm{A} = \frac{1}{\mathrm{s}} \sqrt{\frac{4\pi\,\mathrm{kg\,m}}{10^7\,\mu_0}} = \sqrt{\frac{4\pi\,\mathrm{N}}{10^7\,\mu_0}}, \tag{17.8}$$

$$1\,V = \frac{1}{\mathrm{s}^2} \sqrt{\frac{10^7\,\mu_0\,\mathrm{kg\,m}^3}{4\pi}} = \frac{\mathrm{m}}{\mathrm{s}} \sqrt{\frac{10^7\,\mu_0\,\mathrm{N}}{4\pi}}. \tag{17.9}$$

Die absoluten praktischen Einheiten beruhen hiernach auf den Fundamentaleinheiten: Meter, Sekunde, Kilogramm, Induktionskonstante.

Man hat das Ampere international folgendermaßen definiert (1948): Zwei unendlich lange, parallele, gerade Leiter von vernachlässigbarem Querschnitt, deren Substanz die Permeabilität des Vakuums hat, sind im Vakuum im Abstand von 1 m voneinander angeordnet; sie werden beide von dem gleichen Gleichstrom durchflossen. Dieser hat die Stromstärke 1 Ampere, wenn die elektrodynamisch verursachte Kraft zwischen beiden Leitern $2 \cdot 10^{-7}$ Newton für jeden Längenabschnitt der Anordnung beträgt, der aus einander gegenüberliegenden Leiterteilen von 1 m Länge besteht.

Eine solche „experimentelle" Definition ist (natürlich) nur dann eindeutig, wenn angegeben wird, durch welche Gleichung sie ausgelegt werden soll. Gemeint ist hier die Größengleichung

$$F = \frac{\mu_0 I^2 l}{2\pi s}; \tag{17.10}$$

I ist die Stromstärke in den beiden Leitern, s ihr Abstand, l die betrachtete Länge, μ_0 die Induktionskonstante, F die elektrodynamisch verursachte Kraft. Setzt man die angegebenen Werte ein, so erhält man

$$2 \cdot 10^{-7}\,\mathrm{N} = \frac{\mu_0\,\mathrm{A}^2}{2\pi} \tag{17.10a}$$

und hieraus die Einheit 1 A, wie in (17.8) angegeben, oder μ_0, wie in (17.2) angegeben.

Nach (17.1) ist das Produkt A V durch die Energieeinheit J, somit durch m, kg, s festgelegt, es kann also durch eine Energievergleichsmessung oder auch durch eine Kraftvergleichsmessung bestimmt werden. Nach (17.2) ist der Quotient V/A durch die Festlegung der universellen Konstante μ_0 gegeben; zum Beispiel kann an einer Selbstinduktionsspule der Quotient V/A aus geometrischen Abmessungen und rein elektrischen Messungen bestimmt werden.

Die Tabelle III enthält die Einheiten der Größen, die im 13. Abschnitt abgeleitet wurden und in Tabelle I angeführt sind (rational definierte Größen, rationale Einheiten). Sie sind aus dem eingangs genannten Grunde dargestellt durch die vier Einheiten A, V, s, m. Wir nennen dies die *Miesche Darstellung der praktischen Einheiten*; der Ausdruck wird im 19. Abschnitt gerechtfertigt werden. Um die Einheiten als Potenzenprodukte von s, m, kg und μ_0 auszudrücken, hat man die Beziehungen (17.8) und (17.9) einzusetzen. Die Zurückführung der Einheiten auf diese vier Einheiten und ebenso die Zurückführung auf die Fundamentaleinheiten kg, m, s, A des „Systemes der Internationalen Einheiten" ist in der Tabelle IV angegeben.

Im Laufe der Zeit sind für zahlreiche abgeleitete Einheiten besondere Namen geschaffen worden. Ob man auf diesem Weg weitergehen soll, darüber sind die Meinungen geteilt. Je mehr Namen, um so größer die Belastung des Gedächtnisses. Schreibt man die abgeleiteten Einheiten als Potenzenprodukte von A, V, s, m, so erkennt man in vielen Fällen eine Definition der Größe oder ein definierendes Meßverfahren.

Die Zahlenwertgleichungen, die in bezug auf diese Einheiten gelten, brauchen nicht hier gesondert aufgeführt zu werden. Die Einheiten sind ausnahmslos kohärent ($\zeta = 1$ in jeder Einheitengleichung), daher haben die Zahlenwertgleichungen die Form der Größengleichungen in der Tabelle I.

18. Besondere Einheiten

a) Besondere Einheiten magnetischer Größen:

Für die magnetische Induktion B:

$$1\ \text{Gauß} = 1\ \text{G} = 10^{-8}\,\frac{\text{V s}}{\text{cm}^2} = 10^{-4}\,\frac{\text{V s}}{\text{m}^2}\,, \qquad (18.1)^{1)}$$

---

[1]) Häufig ist die Einheit $1\ \text{kG} = 10^3\ \text{G}$ bequem. Sie ist auch verhältnismäßig anschaulich als $1\ \text{kG} = 1\,\frac{\text{mV s}}{\text{cm}^2}$.

für die magnetische Feldstärke H:

$$1 \text{ Oersted} = 1 \text{ Oe} = \frac{10}{4\pi}\frac{\text{A}}{\text{cm}} = \frac{10^3}{4\pi}\frac{\text{A}}{\text{m}}, \qquad (18.2)^{1)2)}$$

für den magnetischen Fluß Φ:

$$\begin{aligned} 1 \text{ Maxwell} = 1 \text{ M} = 1 \text{ G cm}^2 &= 10^{-8} \text{ V s} \\ &= 10^{-8} \text{ Wb}, \end{aligned} \qquad (18.3)$$

für die magnetische Spannung V:

$$1 \text{ Gilbert} = 1 \text{ Gb} = 1 \text{ Oe cm} = \frac{10}{4\pi}\text{A}. \qquad (18.4)$$

Diese Einheiten sind also nicht kohärent mit dem im 17. Abschnitt angegebenen Einheiten. Ihre Kenntnis ist unentbehrlich für das Verständnis und die Auswertung der physikalischen und elektrotechnischen Literatur. Sie beruhen, ebenso wie die Einheiten des 17. Abschnittes, auf vier Fundamentaleinheiten, nämlich auf cm, g, s und μ_0, vergleiche den Abschnitt 20. II. Mit (18.1, 2) kann man auch schreiben $\mu_0 = 1$ G/Oe, aber es ist nicht etwa G = Oe.

b) Die Silber Quecksilber Einheiten (Ag—Hg—Einheiten).

Es war 1908 international vereinbart und festgelegt worden

a) das Quecksilberfaden-Ohm 1 Ω_{int},

b) das Silbervoltameter-Ampere 1 A_{int},

c) 1 $\text{V}_{\text{int}} = 1\ \text{A}_{\text{int}} \cdot \Omega_{\text{int}}$.

Die Benennung „internationale Einheiten" ist bisher beibehalten worden. Einheiten, die A_{int} und Ω_{int} zu Grundeinheiten haben, werden kurz und unmißverständlich auch Ag—Hg—Einheiten genannt. Obwohl diese Einheiten seit 1948 abgeschafft sind, muß man sie kennen, weil unzählig viele Angaben in Abhandlungen und Tabellenwerken auf sie bezogen sind. Der Vergleich dieser Einheiten mit den absoluten praktischen Einheiten wird hergestellt durch die Zahlen

$$\frac{\Omega_{\text{int}}}{\Omega} = p, \qquad \frac{\text{V}_{\text{int}}}{\text{V}} = p\,q, \qquad \frac{\text{A}_{\text{int}}}{\text{A}} = q, \qquad \frac{\text{A}_{\text{int}}\,\text{s}\,\text{V}_{\text{int}}}{\text{J}} = p\,q^2. \qquad (18.5)$$

Die Umrechnungsfaktoren sind zum letzten Male 1946 bekanntgegeben worden als

$$p = 1{,}00049 \text{ und } p\,q = 1{,}00034; \qquad (18.6)$$

hieraus errechnen sich

$$q = 0{,}99985 \text{ und } p\,q^2 = 1{,}00019. \qquad (18.7)$$

---

[1]) $10/4\pi = 0{,}79577\ldots$

[2]) In der Technik der Dauermagnete wird für das Produkt BH die Einheit benutzt $10^6 \text{ G Oe} = 1 \text{ MG Oe} = \frac{10^{-7}}{4\pi}\frac{\text{A s V}}{\text{cm}^3} = \frac{1}{4\pi}\frac{\text{erg}}{\text{cm}^3}$.

Der Unterschied zwischen Ω_{int} und Ω ist besonders groß, der zwischen A_{int} und A besonders klein.

Die Festsetzungen waren:

a) 1 Ω_{int} ist der Widerstand, den eine von einem konstanten Strom durchflossene Quecksilbersäule von 106,3 cm Länge und 14,4521 g Masse bei durchweg gleichem Querschnitt bei der Temperatur 0 grd C hat,

b) 1 A_{int} ist der konstante Strom, der bei Durchgang durch eine wäßrige Lösung von Silbernitrat (unter vorgeschriebenen Bedingungen) in der Zeit von 1 s die Masse von $1{,}118 \cdot 10^{-3}$ g Silber niederschlägt.

Die angegebenen Zahlenwerte sind absolut genau, da durch Vereinbarung festgelegt. Es ist also

$$1\,\text{A}_{\text{int}} = 1{,}118 \cdot 10^{-3}\,\frac{1}{\text{s}} \cdot \frac{F}{A}, \tag{18.8}$$

$$1\,\Omega_{\text{int}} = \frac{1{,}063^2 \cdot 10^3}{14{,}4521}\,\frac{\text{m}^2}{\text{kg}}\,\frac{\varrho}{\varkappa}, \tag{18.9}$$

daher

$$1\,\text{V}_{\text{int}} = \frac{1{,}118 \cdot 1{,}063^2}{14{,}4521}\,\frac{\text{m}^2}{\text{s kg}}\,\frac{F}{A}\,\frac{\varrho}{\varkappa}. \tag{18.10}$$

Hierin bedeuten: F die Äquivalentladung (Faraday-Konstante), A das als reine Zahl definierte Atomgewicht des Silbers, ϱ die Dichte und $\varkappa$ die elektrische Leitfähigkeit des Quecksilbers, beide Größen bei 0 grd C.

Die Ag—Hg-Einheiten beruhen also auf m, kg, s und vier Naturkonstanten, von denen drei Materialkonstante sind.

Da die Einheit 1 A_{int} nicht eine Einheit ist, die verkörpert aufbewahrt werden kann, hat man 1911 als Spannungsnormal international das „Weston-Normalelement“ und dessen Leerlaufspannung zu 1,01830 V_{int} bei 20 grd C vereinbart (bei gegebenem Ω_{int} und A_{int} ist also das Normalelement ein Subnormal).

19. Die Giorgischen und die Mieschen praktischen Einheiten

G. Giorgi hat 1901 zum Ausdruck gebracht: Über die drei Grundeinheiten der Mechanik hinaus ist *eine* unabhängige elektrische Grundeinheit erforderlich. Wählt man diese kohärent mit den Einheiten m, kg, s, so erhält man ein ausnahmslos kohärentes Einheitensystem für das ganze Gebiet der Mechanik *und* der Elektrizitätslehre (bei rationaler Definition der Größen, siehe 13. Abschnitt): es gibt dann keine Einheitengleichung, in welcher der Umrechnungsfaktor ζ nicht exakt gleich eins wäre[1]).

---

[1]) G. Giorgi, Atti Ass. elettrot. Ital. 5 (1901) S. 402—418; 6 (1902) S. 453—472; 7 (1902) S. 7—27. Über den Vorschlag von Giorgi hat F. Emde berichtet: Elektrot. Z. 25 (1904) S. 432—442. Als vierte, unabhängige rein elektrische Einheit hat Giorgi ursprünglich das absolute Ohm vorgeschlagen, also nach heutiger Ausdrucksweise (vgl. 17.4) die Einheit $1\,\Omega = \frac{10^7\,\mu_0}{4\pi}\,\frac{\text{m}}{\text{s}}$.

Der Grund, warum das so vorgeschlagene Einheitensystem nicht sogleich entscheidenden Erfolg hatte, lag vielleicht darin, daß die Masse und darum die Masseneinheit kg innerhalb der Elektrizitätslehre ein fremdes Element ist.

G. Mie hat 1910 ausgesprochen[1]):

„Zu einer konsequenten Darstellung der Elektrizitätslehre in der heutigen Auffassung gehört auch, daß die Maßeinheiten rein elektrisch definiert werden. Aus der alten mechanistischen Epoche schleppen wir noch immer als beschwerlichen Ballast die beiden sogenannten absoluten Maßsysteme mit... Wir wissen, daß wir die elektromagnetischen Messungen nicht auf Masse, Länge und Zeit zurückzuführen haben, sondern daß wir außer Länge und Zeit unbedingt zwei voneinander unabhängig zu definierende elektrische Fundamentaleinheiten brauchen. Am nächstliegenden ist es, dafür die elektrische Ladung und die elektrische Spannung zu nehmen... Die magnetischen Messungen lassen sich außerordentlich einfach auf die elektrischen Einheiten zurückführen, und man kommt so zu den beiden magnetischen Einheiten: Amperewindungszahl und Voltsekunde... Das praktische Maßsystem ist nicht nur den wirklich brauchbaren Messungsmethoden auf das beste angepaßt, sondern es läßt auch die theoretischen Zusammenhänge der gemessenen Größen wundervoll klar hervortreten ... Zur Verbindung mit den Einheiten der Mechanik genügt einfach die Bemerkung, daß das Produkt Volt mal Coulomb die Dimension einer Energie hat."

Ursprünglich hatte Mie als die beiden unabhängigen elektrischen Einheiten die Ladungseinheit $1\,\text{Coulomb}_{\text{int}} = 1\,\text{A}_{\text{int}}\,\text{s}$ und die durch das Normalelement gegebene Spannungseinheit $1\,\text{V}_{\text{int}}$ gewählt. Dann ist die Energieeinheit $1\,\text{A}_{\text{int}}\,\text{s}\,\text{V}_{\text{int}}$ der Elektrizitätslehre unabhängig von der Energieeinheit der Mechanik, und das elektrisch-mechanische Energieäquivalent muß durch *Messung* bestimmt werden:

$$1\,\text{A}_{\text{int}}\,\text{s}\,\text{V}_{\text{int}} = p\,q^2 \cdot \text{kg}\,\text{m}^2/\text{s}^2,$$

wie in (18.5) angegeben wurde. Selbstverständlich ist Mie dann auf die Einheiten A und V (17.1, 2, 3) übergegangen[2]); es ist berechtigt, diesen Austausch so aufzufassen, daß es sich um einen Wechsel in den definierenden Meßvorschriften der Stromstärkeeinheit und der Spannungseinheit handelt.

Als Längeneinheit verwendet Mie 1 cm. Das hat den Vorteil, daß der Übergang von den CGS-Einheiten her einfacher und übersichtlicher wird, als mit 1 m, und den Nachteil, daß die Kohärenz mit den aus m, kg, s

---

[1]) G. Mie, Lehrbuch, ... 1. Aufl. 1910, Vorwort.

[2]) G. Mie, Lehrbuch ..., 2. Aufl. 1941, Kap. 10, insbesondere S. 473, ebenso 3. Aufl. 1948, S. 338 und 486.

gebildeten mechanischen Einheiten verlorengeht: die Einheit der Masse wird

$$[m]_{\mathrm{Mie}} = 1\,\frac{\mathrm{J\,s^2}}{\mathrm{cm^2}} = 10^4\,\mathrm{kg} = 10^7\,\mathrm{g} \qquad (19.1)$$

und die Einheit der Kraft

$$[\boldsymbol{F}]_{\mathrm{Mie}} = 1\,\frac{\mathrm{J}}{\mathrm{cm}} = 10^2\,\mathrm{N} = 10^7\,\mathrm{dyn}; \qquad (19.2)$$

für diese hat MIE die Benennung 1 Sthen gebraucht. Praktisch ist fast nur diese zweite Beziehung wichtig.

Analog zu den Gleichungen (17.1, 2) kann man also sagen, daß hier die definierenden Festlegungen lauten

$$\begin{aligned} 1\,\mathrm{A\,s\,V} &= 1\,\mathrm{J} = 1\,\mathrm{W\,s} \\ &= 10^7\,\mathrm{g\,cm^2/s^2} = 10^7\,\mathrm{erg}, \end{aligned} \qquad (19.3)$$

$$\mu_0 = \frac{4\pi}{10^9}\,\frac{\mathrm{V\,s}}{\mathrm{A\,cm}} = \frac{4\pi}{10^2}\,\frac{\mathrm{dyn}}{\mathrm{A^2}}. \qquad (19.4)$$

Daher entsprechend den Beziehungen (17.8, 9)

$$1\,\mathrm{A} = 10^{-1}\,\frac{1}{\mathrm{s}}\sqrt{\mathrm{g\,cm}\cdot 4\pi/\mu_0}\,, \qquad (19.5)$$

$$1\,\mathrm{V} = 10^8\,\frac{1}{\mathrm{s^2}}\sqrt{\mathrm{g\,cm^3}\cdot \mu_0/4\pi}\,. \qquad (19.6)$$

Die Einheiten, die aus den Grundeinheiten

cm, s, A, V,

kohärent abgeleitet sind, haben sich seit dem Lehrbuch von MIE in der Physik und noch mehr in der Elektrotechnik eingebürgert. Da Eingebürgertes bequem ist, darf man sagen: bezogen auf diese Einheiten ergeben sich in der Praxis häufig bequemere (handlichere, anschaulichere) Zahlenwerte, als mit den Einheiten, deren Längeneinheit 1 m ist[1]).

Die abgeleiteten Einheiten bilden ein kohärentes System.

Die Zahlenwertgleichungen sind daher dieselben, nämlich von der gleichen Form, wie die Größengleichungen in Tabelle I.

Es wäre ein Irrtum anzunehmen, die abgeleiteten Einheiten dürften folgerichtig nur mit der Längeneinheit 1 m gebildet werden, weil 1 m, aber nicht 1 cm die Fundamentaleinheit der Länge in dem „Internationalen Einheitensystem" ist. Wollte man die Auffassung folgerichtig

---

[1]) Die Vorstellbarkeit darf man zwar keinesfalls überschätzen, jedoch auch nicht ganz aus den Augen verlieren; sie ist ein praktischer Gesichtspunkt, und Einheiten sollen dem Praktiker helfen. Der messende Physiker und Elektrotechniker stellt sich eine Feldenergiedichte von 1 J/cm³, eine elektrische Feldstärke von 1 V/cm, eine magnetische Feldstärke von 1 A/cm wohl im allgemeinen etwas leichter vor, als die entsprechenden Größen 1 J/m³, 1 V/m, 1 A/m.

einhalten, daß abgeleitete Einheiten nur mit den Fundamentaleinheiten dieses Systems ausgedrückt werden dürfen, so dürfte man die abgeleiteten Einheiten auch nicht mit Hilfe der Einheit Volt ausdrücken, sondern müßte die Masseneinheit kg benutzen.

B. CGS-Einheiten

20. Definitionen

Etwa ein Jahrhundert physikalischer und elektrotechnischer Literatur ist in Zahlenwertgleichungen geschrieben, die auf CGS-Einheiten bezogen sind, und auch gegenwärtig findet sich noch die Gepflogenheit, so zu tun, obwohl sich die Einsicht mehr und mehr verbreitet, daß die Darstellung der physikalischen Zusammenhänge ohne Bezugnahme auf speziell gewählte Einheiten, also die Darstellung durch Größengleichungen, die vollkommenere ist. — Die Kenntnis der CGS-Einheiten ist unentbehrlich, erst recht die Kenntnis ihrer Beziehungen zu den praktischen Einheiten, die gegenwärtig im Gebrauch stehen. — Die Darstellung muß deswegen etwas umfangreicher ausfallen, als bei den praktischen Einheiten (im 17. und 19. Abschnitt), weil mehrere Systeme von CGS-Einheiten gebildet worden sind, wobei es bei jedem System neben der verbreiteten nichtrationalen Art eine weniger verbreitete rationale gibt. Die Zahlenwertgleichungen werden daher im allgemeinen anders aussehen, als die Zahlenwertgleichungen der praktischen Systeme.

Anders, als bei den praktischen Systemen, sind bei den CGS-Systemen (daher ihr Name) die drei mechanischen Grundeinheiten

$$\text{cm}, \quad \text{g}, \quad \text{s},$$

daher ist die Energieeinheit

$$1\,\text{erg} = 1\,\frac{\text{g}\,\text{cm}^2}{\text{s}^2} \tag{20.1}$$

und die Krafteinheit

$$1\,\text{dyn} = 1\,\frac{\text{erg}}{\text{cm}} = 1\,\frac{\text{g}\,\text{cm}}{\text{s}^2}\,. \tag{20.2}$$

In jedem System von CGS-Einheiten der Elektrizitätslehre gilt

$$[Q]\,[U] = 1\,\text{erg} \tag{20.3}$$

und

$$[Q]/\text{s} = [I]; \tag{20.4}$$

mit $[Q]$, $[U]$, $[I]$ sind die Einheiten der elektrischen Ladung, Spannung, Stromstärke bezeichnet.

Wir bestimmen die elektrostatischen CGS-Einheiten mit Hilfe des Coulombschen Kraftgesetzes der Elektrostatik, die elektromagnetischen CGS-Einheiten mit Hilfe des Ampèreschen Gesetzes für die Kraft zwischen zwei langen, stromdurchflossenen parallelen linearen Stromleitern.

I. Die elektrostatischen CGS-Einheiten; Wir kennzeichnen sie mit dem Index *s*.

a) Wir gehen aus von der folgenden, sehr bekannten „experimentellen Definition":

Zwei Ladungsträger von vernachlässigbaren Abmessungen sind im Vakuum im Abstand 1 cm voneinander angeordnet, die Ladungen auf beiden Trägern sind gleich groß. Die Einheit der Ladung ist dann vorhanden, wenn die elektrostatische Kraft zwischen beiden Ladungsträgern 1 dyn = 1 g · cm/s² beträgt.

Schärfer formuliert lautet diese Aussage: die elektrische Ladung soll, bezogen auf die zu findende Einheit, den Zahlenwert $\{Q\} = 1$ haben, wenn der Abstand, bezogen auf die CGS-Einheit der Länge 1 cm, den Zahlenwert $\{r\} = 1$ und die Kraft, bezogen auf die CGS-Einheit der Kraft 1 dyn, den Zahlenwert $\{F\} = 1$ hat und wenn Vakuum vorliegt, so daß die Dielektrizitätszahl $\varepsilon_r = 1$ ist:

$$\{F\} = \frac{\{Q\}^2}{\{r\}^2}. \tag{20.5}$$

Nach den Grundsätzen, an die im 16. Abschnitt erinnert worden ist, werden Einheiten gebildet, nachdem vorweg die Größendefinitionen und die Größengleichungen festgestellt sind, und für diese zieht man die rationalen Definitionen und die rationalen Gleichungen in Betracht (12. Abschnitt), hier also die Größengleichung

$$F = \frac{Q^2}{4\pi\,\varepsilon_0\,r^2}. \tag{20.6}$$

Aus (20.5) und (20.6) folgt notwendig

$$\begin{aligned} 1\,[Q]_s &= 1\,\text{cm}\,\sqrt{\text{dyn}\cdot 4\pi\varepsilon_0} \\ &= \frac{1}{\text{s}}\sqrt{\text{g}\,\text{cm}^3\cdot 4\pi\varepsilon_0}\,, \end{aligned} \tag{20.7}$$

wie man durch Einsetzen, also durch die WALLOTsche Verknüpfungsbeziehung (5. Abschnitt), leicht erhält. Wir nennen $[Q_s]$ die *nichtrationale elektrostatische CGS-Einheit der elektrischen Ladung*. In dieser Form ist sie zuerst von WALLOT angegeben worden[1]). Später hat man dann, auf einem Vorschlag von DE BOER fußend[2]), dieser Einheit den Namen „Franklin", Kurzzeichen Fr, gegeben:

$$1\,\text{Fr} \equiv 1\,[Q]_s. \tag{20.8}$$

b) Später ist auch noch folgende geänderte Definition vorgeschlagen worden: die elektrische Ladung soll, bezogen auf die zu findende Einheit, den Zahlenwert $\{Q\} = 1$ haben, wenn der Abstand, bezogen auf 1 cm,

---

[1]) J. WALLOT, Handbuch der Physik, herausgegeben von H. GEIGER und K. SCHEEL, Bd. II, Kap. 1, S. 1—41, hier: S. 31, Berlin 1926.

[2]) J. DE BOER, Ned. T. Natuurkde. 16 (1950) S. 293—316, bes. S. 311 u. f.

den Zahlenwert $\{r\} = 1$ und die Kraft, bezogen auf 1 dyn, den Zahlenwert $\{F\} = 1/4\pi$ hat und wenn Vakuum vorliegt, $\varepsilon_r = 1$:

$$\{F\} = \frac{\{Q\}^2}{4\pi\,\{r\}^2}. \tag{20.9}$$

Aus (20.9) und (20.6) folgt notwendig die andere Einheit

$$[Q]_{s,r} = \text{cm}\,\sqrt{\text{dyn}\cdot\varepsilon_0} = \frac{1}{\text{s}}\sqrt{\text{g cm}^3\,\varepsilon_0}, \tag{20.10}$$

die wir die *rationale elektrostatische CGS-Einheit der elektrischen Ladung* nennen. Es gilt also

$$1\,[Q]_{s,r} = 1\,[Q]_s/\sqrt{4\pi}\,; \qquad (20.11)^{1)}$$

in demselben Dielektrikum und bei demselben Abstand ist die Kraft zwischen zwei gleichgroßen nichtrationalen Einheitsladungen 4π-mal so groß wie zwischen zwei gleichgroßen rationalen Einheitsladungen.

c) Wer die nichtrationalen Größendefinitionen und Größengleichungen den rationalen vorzieht, hat an Stelle von (20.6) sich auf die nichtrationale Größengleichung

$$F = \frac{Q^2}{\varepsilon_0'\,r^2} \tag{20.12}$$

zu beziehen und erhält dieselben Einheiten als

$$[Q]_s = \text{cm}\,\sqrt{\text{dyn}\cdot\varepsilon_0'}, \tag{20.13}$$

$$[Q]_{s,r} = \text{cm}\,\sqrt{\text{dyn}\cdot\varepsilon_0'/4\pi} \tag{20.14}$$

in Übereinstimmung mit der Beziehung $\varepsilon_0' = 4\pi\,\varepsilon_0$ zwischen der nichtrationalen und der rationalen Influenzkonstante, die in (13.9) festgestellt worden war. Die Zahlenwertgleichung (20.5), die sich auf die Einheit $[Q]_s$ bezieht, und (20.9), die sich auf die Einheit $[Q]_{s,r}$ bezieht, sind die gleichen geblieben. — Man sieht, daß man sichere Aussagen über Einheiten nur machen kann, wenn man beide: die Zahlenwertgleichungen und die Größengleichungen betrachtet. — Wir heben nochmals hervor, daß wir bei den rationalen Größendefinitionen und daher bei $[Q]_s$ und $[Q_{s,r}]$ in den Formen bleiben, die in (20.7) und (20.10) angegeben sind.

Nach (20.3) erhält man die nichtrationale Spannungseinheit $[U]_s$ und die rationale $[U]_{s,r}$ zu

$$\mathbf{1\,[U]_s = \sqrt{\frac{dyn}{4\pi\varepsilon_0}} = \frac{1}{s}\sqrt{\frac{g\,cm}{4\pi\varepsilon_0}}}, \tag{20.14}$$

$$1\,[U]_{s,r} = \sqrt{\frac{\text{dyn}}{\varepsilon_0}} = \frac{1}{s}\sqrt{\frac{\text{g cm}}{\varepsilon_0}}, \tag{20.15}$$

und nach (20.4) wird die nichtrationale Stromstärkeeinheit $[I]_s$ und die rationale $[I]_{s,r}$ erhalten zu

$$\mathbf{1\,[I]_s = \frac{cm}{s}\sqrt{dyn\cdot 4\pi\varepsilon_0} = \frac{1}{s^2}\sqrt{g\,cm^3\cdot 4\pi\varepsilon_0} = 1\,Fr/s}, \tag{20.16}$$

$$1\,[I]_{s,r} = \frac{\text{cm}}{\text{s}}\sqrt{\text{dyn}\cdot\varepsilon_0} = \frac{1}{\text{s}^2}\sqrt{\text{g cm}^3\cdot\varepsilon_0}. \tag{20.17}$$

---

1) $\sqrt{4\pi} \approx 3{,}54491$.

Man kann also die (wenig verbreiteten) rationalen Einheiten und die ursprünglichen (verbreiteten) nichtrationalen Einheiten zusammen miteinander behandeln, wenn man folgenden einfachen Formalismus anwendet: man schreibt in allen Gleichungen der nichtrationalen Einheiten an Stelle von 4π das Zeichen φ mit der Verabredung: $\varphi = 4\pi$ ergibt die nichtrationalen Einheiten; setzt man $\varphi = 1$, so hat man überall den Index r anzufügen oder angefügt zu denken, denn dann handelt es sich um die rationalen Einheiten; also zum Beispiel

$$1\,[I]_s = [Q]_s/\mathrm{s} = \frac{\mathrm{cm}}{\mathrm{s}}\sqrt{\mathrm{dyn}\cdot\varphi\,\varepsilon_0}, \tag{20.18}$$

$$1\,[U]_s = \sqrt{\mathrm{dyn}/\varphi\,\varepsilon_0}. \tag{20.19}$$

II. Die elektromagnetischen CGS-Einheiten. Wir kennzeichnen sie mit dem Index m.

a) Wir gehen aus von der folgenden sehr bekannten „experimentellen Definition“:

Zwei unendlich lange, parallele gerade Stromleiter von vernachlässigbarem Querschnitt und der Permeabilität des Vakuums sind im Vakuum im Abstand von 1 cm voneinander angeordnet, sie werden von demselben Gleichstrom durchflossen. Die Einheit der Stromstärke ist dann vorhanden, wenn die elektrodynamisch verursachte Kraft zwischen den beiden Leitern $2\,\mathrm{dyn} = 2\,\mathrm{g}\cdot\mathrm{cm/s^2}$ für jeden Abschnitt der Länge 1 cm beträgt.

Schärfer formuliert lautet diese Aussage: die elektrische Stromstärke soll, bezogen auf die zu findende Einheit, den Zahlenwert $\{I\} = 1$ haben, wenn die Leiterlänge und der Abstand, beide bezogen auf die Einheit 1 cm, den Zahlenwert $\{l\} = \{r\} = 1$ haben, wenn ferner die Kraft, bezogen auf die Einheit 1 dyn, den Zahlenwert $\{F\} = 2$ hat und wenn Vakuum vorliegt, so daß die Permeabilitätszahl $\mu_r = 1$ ist:

$$\{F\} = \frac{2\{I\}^2\{l\}}{\{r\}}. \tag{20.20}$$

Das AMPÈREsche Gesetz lautet (rationale Größengleichung):

$$F = \frac{\mu_0 I^2 l}{2\pi r}. \tag{20.21}$$

Aus (20.21) und (20.22) folgt notwendig

$$\mathbf{1\,[I]_m = \sqrt{dyn\cdot 4\pi/\mu_0} = \frac{1}{s}\sqrt{g\,cm\cdot 4\pi/\mu_0}} \tag{20.22}$$

Wir nennen $[I]_m$ die *nichtrationale elektromagnetische CGS-Einheit der elektrischen Stromstärke.* In dieser Form ist sie zuerst von WALLOT angegeben worden[1]). Später hat man dann, auf Vorschlag von DE BOER

[1]) J. WALLOT, Elektrot. 64 (1943) S. 229—233, dort Gl. (30).

fußend[1]), dieser Einheit den Namen „Biot", Kurzzeichen Bi, gegeben:

$$1\,\mathrm{Bi} \equiv 1\,[I]_m. \tag{20.23}$$

b) Später ist auch noch folgende geänderte Definition vorgeschlagen worden: die elektrische Stromstärke soll, bezogen auf die zu findende Einheit, den Zahlenwert $\{I\} = 1$ haben, wenn die Leiterlänge und der Abstand, bezogen auf 1 cm, den Zahlenwert $\{l\} = \{r\} = 1$ haben, wenn ferner die Kraft, bezogen auf die Einheit 1 dyn, den Zahlenwert $\{F\} = 1/2\pi$ hat und wenn Vakuum vorliegt, so daß $\mu_r = 1$ ist:

$$\{F\} = \frac{1}{2\pi}\,\frac{\{I\}^2\,\{l\}}{\{r\}}. \tag{20.24}$$

Aus (20.21) und (20.24) folgt dann notwendig die andere Einheit

$$1\,[I]_{m,r} = \sqrt{\mathrm{dyn}/\mu_0} = \frac{1}{s}\sqrt{\mathrm{g\,cm}/\mu_0}, \tag{20.25}$$

die wir die *rationale elektromagnetische CGS-Einheit der elektrischen Stromstärke* nennen. Es gilt also

$$1\,[I]_{m,r} = 1\,[I]_m/\sqrt{4\pi}\,. \tag{20.26}$$

c) Wer die nichtrationalen Größendefinitionen und Größengleichungen den rationalen vorzieht, hat sich an Stelle von (20.21) auf die nichtrationale Größengleichung

$$F = \frac{2\mu_0'\,I^2\,l}{r} \tag{20.27}$$

zu beziehen und erhält dieselben Einheiten

$$1\,[I]_m = 1\sqrt{\mathrm{dyn}/\mu_0'}\,, \tag{20.28}$$

$$1\,[I]_{m,r} = 1\sqrt{\mathrm{dyn}/4\pi\,\mu_0'} \tag{20.29}$$

entsprechend der Beziehung $\mu_0' = \mu_0/4\pi$ zwischen der nichtrationalen und der rationalen Induktionskonstante, die in (13.10) festgestellt worden war. Die Zahlenwertgleichungen (20.20), die sich auf die Einheit $[I]_m$, und (20.24), die sich auf die Einheit $[I]_{m,r}$ bezieht, sind dieselben geblieben. Nach der von uns getroffenen Entscheidung bleiben wir im folgenden bei den rationalen Größendefinitionen und Größengleichungen.

Nach (20.4) erhält man die nichtrationale Ladungseinheit $[Q]_m$ und die rationale $[Q]_{m,r}$ zu

$$\mathbf{1\,[Q]_m = s\sqrt{dyn \cdot 4\pi/\mu_0} = \sqrt{g\,cm \cdot 4\pi/\mu_0} = 1\,Bi \cdot s.} \tag{20.30}$$

$$1\,[Q]_{m,r} = \mathrm{s}\sqrt{\mathrm{dyn}/\mu_0} = \sqrt{\mathrm{g\,cm}/\mu_0} \tag{20.31}$$

nach (20.3) wird die nichtrationale Spannungseinheit $[U]_m$ und die rationale $[U]_{m,r}$ erhalten zu

$$\mathbf{1\,[U]_m = \frac{cm}{s}\sqrt{dyn \cdot \mu_0/4\pi} = \frac{1}{s^2}\sqrt{g\,cm^3 \cdot \mu_0/4\pi},} \tag{20.32}$$

$$1\,[U]_{m,r} = \frac{\mathrm{cm}}{\mathrm{s}}\sqrt{\mathrm{dyn}\cdot\mu_0} = \frac{1}{\mathrm{s}^2}\sqrt{\mathrm{g\,cm}^3\cdot\mu_0}\,. \tag{20.33}$$

[1]) J. DE BOER a. a. O.

21. Zahlenwertgleichungen und Einheiten der elektrostatischen CGS-Systeme

I. Das nichtrationale (ursprüngliche, gebräuchliche) System: Die Zahlenwertgleichungen haben die Form der entsprechenden Größengleichungen, die in Tabelle I angegeben sind (man fasse diese Gleichungen also hier als Zahlenwertgleichungen auf!), mit Ausnahme der folgenden, anders lautenden Zahlenwertgleichungen

$$\begin{aligned} &\oint \mathfrak{D}\, \mathrm{d}\mathfrak{a} = 4\pi \overset{\circ}{\Sigma} Q, \qquad \operatorname{div} \mathfrak{D} = 4\pi\, \eta, \\ &\oint \mathfrak{H}\, \mathrm{d}\mathfrak{s} = 4\pi\, \theta, \qquad \operatorname{rot} \mathfrak{H} = 4\pi\, \mathfrak{G} + \frac{\partial \mathfrak{D}}{\partial t}, \\ &\mathfrak{D} = \varepsilon_0\, \mathfrak{E} + 4\pi\, \mathfrak{P}, \\ &\mathfrak{B} = \mu_0\, \mathfrak{H} + 4\pi\, \mathfrak{J}, \\ &w_e = \frac{1}{4\pi} \int_0^D E\, \mathrm{d}D, \qquad w_m = \frac{1}{4\pi} \int_0^B H\, \mathrm{d}B, \\ &\mathfrak{S} = \frac{1}{4\pi} \mathfrak{E} \times \mathfrak{H}. \end{aligned} \tag{21.1}$$

Zu jeder Größengleichung ist somit die entsprechende Zahlenwertgleichung bekannt und deswegen nach der Verknüpfungsbeziehung (5. Abschnitt, Gleichungen (5.1) bis (5.5)) auch die zugehörige Einheitengleichung. Die wichtigsten nichtrationalen Einheiten sind in Tabelle V zusammengestellt.

Die Zahlenwertgleichungen erhält man auch aus Tabelle II mit $\varphi = 4\pi$ und $\alpha = 1$.

II. Das rationale System: Die Zahlenwertgleichungen haben die Form der entsprechenden Größengleichungen, die in Tabelle I angegeben sind (man fasse diese Gleichungen also als Zahlenwertgleichungen auf!). Daher liegen durch die Verknüpfungsbeziehung die Einheitengleichungen fest. Die wichtigsten Einheiten sind in Tabelle VI zusammengestellt.

Die Zahlenwertgleichungen erhält man auch aus Tabelle II mit $\varphi = \alpha = 1$.

In den Zahlenwertgleichungen der elektrostatischen CGS-Systeme wird gewöhnlich der Zahlenwert der Konstanten μ_0 geschrieben

$$\{\mu_0\}_s = \frac{1}{\{c_0\}^2}, \tag{21.2}$$

wenn $\{c_0\}$ der Zahlenwert der Vakuumwellengeschwindigkeit ist, bezogen auf cm/s, also $\{c_0\} = 2{,}99778 \cdot 10^{10}$ (Meßwert). Dies erklärt sich so: der Größengleichung $c_0^2 = 1/\varepsilon_0 \mu_0$, vergleiche (12.37), entspricht die Zahlenwertgleichung $\{c_0\}^2 = 1/\{\varepsilon_0\}\{\mu_0\}$. Für die elektrostatischen Systeme ist die Größe ε_0 Grundeinheit, daher ist ihr Zahlenwert $\{\varepsilon_0\} = 1$. Für den Zahlenwert der Permeabilität im elektrostatischen CGS-System kann man also

$$\{\mu\}_s = \frac{\mu_r}{\{c_0\}^2} \tag{21.2a}$$

schreiben.

22. Zahlenwertgleichungen und Einheiten der elektromagnetischen CGS-Systeme

I. Das nichtrationale (ursprüngliche, gebräuchliche) System: Die Zahlenwertgleichungen haben die Form der entsprechenden Größengleichungen, die in Tabelle I angegeben sind (man fasse diese Gleichungen also hier als Zahlenwertgleichungen auf!), mit Ausnahme der folgenden, anders lautenden Zahlenwertgleichungen:

$$\begin{aligned} &\oint \mathfrak{D}\,\mathrm{d}\mathfrak{a} = 4\pi \overset{\circ}{\Sigma} Q, \qquad \operatorname{div} \mathfrak{D} = 4\pi\eta, \\ &\oint \mathfrak{H}\,\mathrm{d}\mathfrak{s} = 4\pi\theta, \qquad \operatorname{rot} \mathfrak{H} = 4\pi\,\mathfrak{G} + \frac{\partial \mathfrak{D}}{\partial t}, \\ &\mathfrak{D} = \varepsilon_0 \mathfrak{E} + 4\pi\,\mathfrak{P}, \\ &\mathfrak{B} = \mu_0 \mathfrak{H} + 4\pi\,\mathfrak{J}, \\ &w_e = \frac{1}{4\pi}\int_0^D E\,\mathrm{d}D, \qquad w_m = \frac{1}{4\pi}\int_0^B H\,\mathrm{d}B, \\ &\mathfrak{S} = \frac{1}{4\pi}\mathfrak{E}\times\mathfrak{H}. \end{aligned} \tag{22.1}$$

Zu jeder Größengleichung ist somit die entsprechende Zahlenwertgleichung bekannt und deswegen nach der Verknüpfungsbeziehung (5. Abschnitt, Gleichungen (5.1) bis (5.5)) auch die zugehörigen Einheitengleichung. Die wichtigsten nichtrationalen Einheiten sind in Tabelle VII zusammengestellt.

Die Zahlenwertgleichungen erhält man auch aus Tabelle II mit $\varphi = 4\pi$ und $\alpha = 1$.

II. Das rationale System: Die Zahlenwertgleichungen haben die Form der entsprechenden Größengleichungen, die in Tabelle I angegeben sind (man fasse diese Gleichungen also als Zahlenwertgleichungen auf!). Daher liegen durch die Verknüpfungsbeziehung die Einheitengleichungen fest. Die wichtigsten Einheiten sind in Tabelle VIII zusammengestellt.

Die Zahlenwertgleichungen erhält man auch aus Tabelle II mit $\varphi = \alpha = 1$.

In den Zahlenwertgleichungen der elektromagnetischen CGS-Systeme wird gewöhnlich der Zahlenwert der Konstanten ε_0 geschrieben

$$\{\varepsilon_0\} = \frac{1}{\{c_0\}^2}, \tag{22.2}$$

wenn $\{c_0\}$ der Zahlenwert der Vakuumwellengeschwindigkeit ist, bezogen auf cm/s, also $\{c_0\} = 2{,}99778 \cdot 10^{11}$ (Meßwert). Dies erklärt sich so:

der Größengleichung $c_0^2 = 1/\varepsilon_0 \mu_0$, vergleiche (12.37), entspricht die Zahlenwertgleichung $\{c_0\}^2 = 1/\{\varepsilon_0\}\,\{\mu_0\}$. Für die elektromagnetischen Systeme ist die Größe μ_0 Grundeinheit, daher ist ihr Zahlenwert $\{\mu_0\} = 1$. Für den Zahlenwert der Dielektrizitätskonstante im elektromagnetischen CGS-System kann man daher

$$\{\varepsilon\}_m = \frac{\varepsilon_r}{\{c_0\}^2} \tag{22.2a}$$

schreiben.

III. Das Quadrant-System[1]: Die Quadrant-Einheiten bilden ein kohärentes System, sie sind dekadische Vielfache der nichtrationalen elektromagnetischen CGS-Einheiten; die Einheiten selbst und ihre Namen wurden im Jahre 1881 international angenommen.

Man legte fest die Spannungseinheit

$$1\,[U]_Q = 10^8\,[U]_m \tag{22.3}$$

und ihren Namen Volt, sowie die Widerstandseinheit

$$1\,[R]_Q = 10^9\,[R]_m \tag{22.4}$$

und ihren Namen Ohm. An der Zeiteinheit $[t]_Q = 1$ s hielt man fest. Die folgenden Einheitennamen wurden noch angenommen:

$$1\,[I]_Q = 10^{-1}\,[I]_m = 1 \text{ Ampere}, \tag{22.5}$$

$$1\,[Q]_Q = 10^{-1}\,[Q]_m = 1 \text{ Coulomb}, \tag{22.6}$$

$$1\,[C]_Q = 10^{-9}\,[C]_m = 1 \text{ Farad}, \tag{22.7}$$

$$1\,[L]_Q = 10^{9}\,[L]_m = 1 \text{ Henry}, \tag{22.8}$$

$$1\,[W]_Q = 10^{7} \text{ erg} = 1 \text{ Joule}, \tag{22.9}$$

$$1\,[P]_Q = 10^{7} \text{ erg/s} = 1 \text{ Watt}. \tag{22.10}$$

Die Masseneinheit und die Längeneinheit ergeben sich daher ebenfalls als dekadische Vielfache von 1 g und 1 cm, nämlich zu

$$1\,[m]_Q = 10^{-11} \text{ g}, \tag{22.11}$$

$$1\,[l]_Q = 10^{9} \text{ cm}. \tag{22.12}$$

Diese beiden Einheiten sind wohl wenig anschaulich, und noch weniger sind dies die Flächeneinheit 10^8 km² und die Volumeneinheit 10^{12} km³. Das System der Quadranteinheiten hat daher keine Bedeutung gewonnen, wohl aber haben sich einzelne Quadranteinheiten, insbesondere die in (22.3) bis (22.10) angegebenen, in ihren Beträgen als bequem für die Elektrotechnik erwiesen.

---

[1] J. C. Maxwell, Treatise ... Art. 629.

23. Zahlenwertgleichungen und Einheiten der gemischten CGS-Systeme

Die gemischten CGS-Systeme sind dadurch gekennzeichnet, daß die Zahlenwerte der elektrischen Größen auf elektrostatische CGS-Einheiten bezogen werden, die der magnetischen Größen auf elektromagnetische[1]). Sind dabei nichtrationale CGS-Einheiten gemeint, so spricht man von dem *Gaußschen System*[2]), sind rationale CGS-Einheiten gemeint, von dem *Lorentzschen System*[3]). Auch hier ist das nichtrationale System erheblich stärker verbreitet als das rationale. Deswegen, weil in der Form der Zahlenwertgleichungen eine gewisse Symmetrie erkennbar ist, vergleiche (23.7), werden diese Systeme auch „symmetrisch" genannt.

Nun werden durch die beiden Hauptgleichungen (das Durchflutungsgesetz und das Induktionsgesetz) elektrische Größen mit magnetischen Größen verknüpft. Da die Größengleichungen gegeben sind, da aber außerdem über die Einheiten die genannten Vorschriften gemacht werden, müssen in den Zahlenwertgleichungen Zahlenfaktoren auftreten, die durch die Umrechnungsfaktoren der Einheiten gegeben sind.

Man macht sich dies leicht an dem folgenden Beispiel klar: In der Größengleichung

$$F = \frac{m\,l}{t^2} \tag{23.1}$$

bedeute F die Kraft, m die Masse, l/t^2 die (konstante) Beschleunigung. Aus drei vorgegebenen Einheiten dieser vier Größen ergibt sich die Einheit der vierten, zum Beispiel $[F] = \text{kg} \cdot \text{m/s}^2$. Nun werde aber sowohl das Bestehen der Größengleichung (23.1). als auch die Benutzung der Einheiten kg, m, s und der Krafteinheit $[F] = 1$ kp gefordert. Diese ist definiert durch

$$1\,\text{kp} = g_n\,\text{kg}; \tag{23.2}$$

hierin ist

$$g_n = 9{,}80665\,\frac{\text{m}}{\text{s}^2} = \beta\,\frac{\text{m}}{\text{s}^2} \tag{23.2a}$$

der Normwert der Fallbeschleunigung; der Zahlenwert β ist absolut genau, da durch Vereinbarung festgelegt. Neben der Größengleichung (23.1) besteht also *hier* die Einheitengleichung

$$1\,\text{kp} = \beta\,\frac{\text{kg m}}{\text{s}^2}\,; \tag{23.3}$$

daher lautet die zu (23.1) und (23.3) gehörende Zahlenwertgleichung notwendig

$$\{F\} = \frac{1}{\beta}\,\frac{\{m\}\,\{l\}}{\{t\}^2}\,. \tag{23.4}$$

---

[1]) Diese Kennzeichnung ist im allgemeinen unmißverständlich und eindeutig. Nur bei wenigen Größen muß man besonders angeben, ob man sie zu den elektrischen oder zu den magnetischen rechnen will. Zum Beispiel wird in bezug auf die gemischten Systeme im allgemeinen die Induktivität zu den elektrischen Größen gerechnet.

[2]) Der Name wurde von H. v. HELMHOLTZ vorgeschlagen: Wiedem. Ann. 17 (1882) S. 42.

[3]) H. A. LORENTZ, Enzykl. math. Wiss. 5 (13) Nr. 7 (1904) S. 83.

β ist also hier nicht „die Fallbeschleunigung", sondern der Zahlenwert ihres Normwertes, bezogen auf m/s².

Die nähere Untersuchung zeigt, daß in den Zahlenwertgleichungen der gemischten Systeme nur ein Zahlenfaktor α auftritt, und daß dieser bestimmt ist durch das Einheitenverhältnis

$$\alpha = \frac{[Q]_m}{[Q]_s} = \frac{[I_m]}{[I]_s} = \frac{[U]_s}{[U]_m}; \tag{23.5}$$

bei Benutzung rationaler Einheiten ist der Faktor derselbe, denn es ist

$$\frac{[Q]_{m,r}}{[Q]_{s,r}} = \cdots = \frac{[Q]_m}{[Q]_s}. \tag{23.5a}$$

Setzt man zum Beispiel $[Q]_m$ nach (20.30) und $[Q]_s$ nach (20.7) ein, so ergibt sich

$$\alpha = \frac{[Q]_m}{[Q]_s} = \frac{\mathrm{s}}{\mathrm{cm}}\,\frac{1}{\sqrt{\varepsilon_0\mu_0}} = \frac{c_0}{\mathrm{cm/s}} = \{c_0\}; \tag{23.6}$$

$c_0 = 1/\sqrt{\varepsilon_0\mu_0}$, vergleiche (12.37), ist die Vakuumwellengeschwindigkeit, $\{c_0\} = 2{,}99792 \cdot 10^{10}$ ist ihr Zahlenwert, bezogen auf cm/s (Bestwert 1954).

Die Zahlenwertgleichungen des gemischten, nichtrationalen, nach GAUSS genannten CGS-Systems haben die Form der entsprechenden Größengleichungen, die in Tabelle I angegeben sind (man fasse diese Gleichungen also hier als Zahlenwertgleichungen auf!), mit Ausnahme der folgenden, anders lautenden Zahlenwertgleichungen

$$\begin{aligned}
&\alpha \oint \mathfrak{H}\,\mathrm{d}\mathfrak{s} = 4\pi\,\theta, && \alpha \operatorname{rot} \mathfrak{H} = 4\pi\,\mathfrak{G} + \frac{\partial \mathfrak{D}}{\partial t},\\
&\alpha \oint \mathfrak{E}\,\mathrm{d}\mathfrak{s} = -\frac{\mathrm{d}\Phi}{\mathrm{d}t}, && \alpha \operatorname{rot} \mathfrak{E} = -\frac{\partial \mathfrak{B}}{\partial t},\\
&\mathfrak{S} = \frac{\alpha}{4\pi}\,\mathfrak{E}\times\mathfrak{H}, &&\\
&\mathring{\oint} \mathfrak{D}\,\mathrm{d}\mathfrak{a} = 4\pi\,\Sigma Q, && \operatorname{div} \mathfrak{D} = 4\pi\,\eta,\\
&\mathfrak{D} = \varepsilon_0\,\mathfrak{E} + 4\pi\,\mathfrak{P}, &&\\
&\mathfrak{B} = \mu_0\,\mathfrak{H} + 4\pi\,\mathfrak{J}, &&\\
&w_e = \frac{1}{4\pi}\int_0^E E\,\mathrm{d}D, && w_m = \frac{1}{4\pi}\int_0^B H\,\mathrm{d}B.
\end{aligned} \tag{23.7}$$

Die Zahlenwertgleichungen findet man auch aus Tabelle II mit $\varphi = 4\pi$ und $\alpha = \{c_0\}$.

Die zugehörigen Einheiten sind in den Tabelle V und VII angegeben.

Die Zahlenwertgleichungen des gemischten, rationalen, von LORENTZ benutzten CGS-Systems haben die Form der entsprechen-Größengleichungen, die in Tabelle I angegeben sind (man fasse diese

Gleichungen also hier als Zahlenwertgleichungen auf!) mit Ausnahme der folgenden, anders lautenden Zahlenwertgleichungen

$$\begin{aligned} &\alpha \oint \mathfrak{H}\, d\mathfrak{s} = \theta, && \alpha \operatorname{rot} \mathfrak{H} = \mathfrak{G} + \frac{\partial \mathfrak{D}}{\partial t}, \\ &\alpha \oint \mathfrak{E}\, d\mathfrak{s} = -\frac{d\Phi}{dt}, && \alpha \operatorname{rot} \mathfrak{E} = -\frac{\partial \mathfrak{B}}{\partial t}, \\ &\mathfrak{S} = \alpha \cdot \mathfrak{E} \times \mathfrak{H}. \end{aligned} \tag{23.8}$$

Die Zahlenwertgleichungen findet man auch aus Tabelle II mit $\varphi = 1$ und $\alpha = \{c_0\}$.

Die zugehörigen Einheiten sind in den Tabellen VI und VIII angegeben.

24. Zahlenwertgleichungen und Einheiten der CGS-Systeme in zusammengefaßter Darstellung

In der Tabelle II sind die wichtigsten *Zahlenwertgleichungen der Systeme* zusammengefaßt (in Tabelle I bedeuten die Formelzeichen Größen, in Tabelle II jedoch Zahlenwerte[1])). Die vier Zahlen φ, ε_0, μ_0, α haben folgende Bedeutung:

In allen rationalen Systemen ist $\varphi = 1$, in allen nichtrationalen ist $\varphi = 4\pi$. Die gebräuchlichen praktischen Systeme sind rational, die am meisten verbreiteten CGS-Systeme sind nichtrational.

In den gemischten Systemen (Gauss, Lorentz) ist $\alpha = \{c_0\}$, in allen anderen Systemen ist $\alpha = 1$.

In den elektrostatischen Systemen ist $\mu_0 = 1/\{c_0\}^2$ und in den elektromagnetischen Systemen ist $\varepsilon_0 = 1/\{c_0\}^2$.

Die Unterscheidung zwischen rationalen und nichtrationalen Zahlenwertgleichungen ist hier mit einem einzigen Alternativfaktor φ durchgeführt, mit anderen Worten: es wird nur zwischen gänzlich rationalen und gänzlich nichtrationalen Systemen unterschieden. Es ist jedoch historisch erklärbar, daß in der Literatur zahlreiche Spielarten vorkommen. Bei einer nächstfeineren Unterscheidung wären die elektrischen Zahlenwertgleichungen mit einem Faktor φ_e und die magnetischen mit einem Faktor φ_m zu schreiben, der von φ_e unabhängig ist; bei $\varphi_e \neq \varphi_m$ würde man von teilweise rationalen Systemen von Zahlenwertgleichungen sprechen. — Maxwell schreibt $\oint \mathfrak{D}\, d\mathfrak{a} = \overset{\circ}{\Sigma} Q$, jedoch $\mathfrak{D} = \mathfrak{E}\,\varepsilon/4\pi$. Dadurch entsteht die Zahlenwertgleichung des Coulombschen Kraftgesetzes in nichtrationaler Form, die der elektrischen Energiedichte in rationaler.

Die *CGS-Einheiten* sind in den Tabellen V bis VIII sowohl mit gebrochenen (halbzahligen) Exponenten von cm, g, s und ε_0 (elektrostatisch) oder μ_0 (elektromagnetisch) angegeben, als auch mit ganzzahligen Exponenten von cm, s, Stromstärkeeinheit $[I]$ und Spannungseinheit $[U]$. — Man hat früher oft gegen die CGS-Einheiten der Elektrizi-

[1]) Jedesmal ausgenommen die Symbole für mathematische Operationen und Funktionen.

tätslehre vorgebracht, sie seien „wenig anschaulich" wegen der gebrochenen (halbzahligen) Exponenten. Dieser Vorwurf ist wenig einsichtsvoll: auch die *praktischen Einheiten* erscheinen mit gebrochenen Exponenten, wenn man sie darstellt als Potenzenprodukte der Grundeinheiten m, kg, s und μ_0; wir hatten hierauf in (17.8, 9) und in (19.5, 6) hingewiesen; vergleiche Tabelle IV.

„Anschaulich" sind Einheiten elektrischer und magnetischer Größen dann, wenn sie ein Meßverfahren oder eine Größendefinition leicht erkennen lassen; dies ist dann der Fall, wenn sie nach Mie ausgedrückt werden als Potenzenprodukte von Einheiten der Länge, der Zeit, der Stromstärke und der elektrischen Spannung. So werden die praktischen Einheiten ganz allgemein ausgedrückt, es ist nicht gebräuchlich, sie mit gebrochenen Exponenten zu schreiben. Es ist durchaus nicht notwendig, bei den CGS-Einheiten in der alten Gewohnheit zu verharren und sie mit gebrochenen Exponenten zu schreiben.

In der Tabelle IX sind die CGS-Einheiten sämtlicher Systeme (nach dem Vorgang von Wallot[1])) mit ganzzahligen Exponenten der Einheiten cm, s, a, v dargestellt. Die Einheitenzeichen a und v und die Zahl φ sind so zu verstehen:

Mit $\varphi = 4\pi$ ergeben sich die nichtrationalen und mit $\varphi = 1$ die rationalen Einheiten. Setzt man ein $a = [I]_s$ und $u = [U]_s$, so liegen die nichtrationalen elektrostatischen Einheiten vor, mit $a = [I]_m$ und $u = [U]_m$ die nichtrationalen elektromagnetischen, mit $a = [I]_{s,r}$ und $u = [U]_{s,r}$ die rationalen elektrostatischen, mit $a = [I]_{m,r}$ und $u = [U]_{m,r}$ die rationalen elektromagnetischen Einheiten.

C. Folgerungen

25. Rationale und nichtrationale Größengleichungen und Zahlenwertgleichungen, kohärente Einheiten

Die Fragen der Paralleldefinition nichtrationaler Größen, der rationalen und nichtrationalen Form der Zahlenwertgleichungen, der rationalen und nichtrationalen Einheiten belasten die Darstellung in einem Umfang, der in keinem befriedigendem Verhältnis zu der Tatsache steht, daß diese Fragen in physikalischer Hinsicht wenig bedeutungsvoll sind; man darf geradezu sagen: sie lenken ab von den einfachen physikalischen Grundgedanken. Andererseits ist ihre sorgfältige Berücksichtigung unerläßlich: nicht etwa nur aus Gründen historischer Vollständigkeit, sondern darum, weil auch heute die ältere physikalische und elektrotechnische Literatur zugänglich und auswertbar bleiben muß.

Man darf gegenwärtig den Stand der Dinge etwa so beurteilen:

1. *Größengleichungen* sind insofern die ideale Darstellung der physikalischen Zusammenhänge, als sie frei sind von der Willkür der Einheiten.

---

[1]) J. Wallot, Größengleichungen ..., Paragraph 54.

Sie haben die einfachste Form, wenn sie rational geschrieben, wenn also die Größen rational definiert werden. Die rationale Schreibweise ist gegenwärtig am meisten verbreitet. Deswegen haben wir uns in dieser Schrift für sie entschieden.

2. Die gegenwärtig gebräuchlichen *praktischen Einheiten* (die Einheiten nach GIORGI und nach MIE) bilden ein kohärentes System, sie sind die Einheiten der rational definierten Größen. Aus diesem Grunde haben die Zahlenwertgleichungen dieselbe Form, wie die rational geschriebenen Größengleichungen. (Dieser große Vorteil ginge verloren, wenn man nichtrational definierte Größen oder inkohärente Einheiten benutzen wollte.)

3. Die *Zahlenwertgleichungen der CGS-Systeme* sind von jeher ganz überwiegend nichtrational geschrieben worden. Dies ist eine historische Tatsache, die man, weil sie historisch ist, nicht mehr ändern kann.

Hieraus ergeben sich nach der Verknüpfungsbeziehung als Folgerungen:

a) Verwendet man rational geschriebene Größengleichungen und nichtrational geschriebene Zahlenwertgleichungen, so tritt notwendig in einigen Einheitengleichungen ein von eins verschiedener Zahlenfaktor auf; nicht alle Einheiten sind untereinander kohärent. Es handelt sich aber trotzdem immer um ein (vollwertiges) Einheitensystem, denn die Zahlenfaktoren sind exakte Zahlen, nämlich Potenzen von 4π.

b) Erhebt man die Kohärenz aller Einheiten eines Systems zum Postulat, also zur Forderung, über die nicht diskutiert wird, so muß man einerseits bei Rückgriff auf nichtrationale CGS-Systeme nichtrational definierte Größen und also nichtrational geschriebene Größengleichungen einführen, andererseits muß man bei Benutzung der gegenwärtig gebräuchlichen praktischen Einheiten, zu denen ja rational geschriebene Zahlenwertgleichungen gehören, rational definierte Größen und also rational geschriebene Größengleichungen einführen.

c) Hat man sich also ausschließlich für rational geschriebene Größengleichungen entschieden, so ist es unmöglich, zugleich ausnahmslose Kohärenz aller Einheiten zu fordern; fordert man aber ausnahmslose Kohärenz der Einheiten, so muß man nichtrationale Paralleldefinitionen von Größen und nichtrational geschriebene Größengleichungen neben den rational definierten Größen und Größengleichungen mitführen. Dies ist eine in physikalischer Hinsicht ganz unnötige Doppelspurigkeit; man darf urteilen, daß sie dem Sinn der Größengleichungen widerspricht. Demgegenüber ist die Inkohärenz einiger Einheiten bei dem Vorgehen nach a) offenbar der kleinere Nachteil. Sie wird ja auch sonst in der Praxis hingenommen[1]). Es ist wahrscheinlich einfacher, in einigen Ein-

[1]) Zum Beispiel beim Umrechnen der Energieeinheiten J, kp m, kcal oder beim Umrechnen angelsächsischer Einheiten in metrische Einheiten.

heitengleichungen einen von eins verschiedenen Zahlenfaktor zu haben, als für eine Anzahl von Größen zwei voneinander verschiedene Definitionen kennen und auch wissen zu müssen, wann diese und wann jene Definition benutzt werden muß.

Wir zeigen die Zusammenhänge zwischen Zahlenwertgleichung, Größengleichung und Einheitengleichung an dem Beispiel der Einheit Oersted der magnetischen Feldstärke. Wir machen dabei Gebrauch von der WALLOTschen Verknüpfungsbeziehung, die im 5. Abschnitt gezeigt worden ist, insbesondere von der Gleichung $Z = z\,\zeta$ (5.5). Diese Beziehung erlaubt eine ganz eindeutige und zwangläufige Ableitung der Beziehungen.

Die zu untersuchende Einheit 1 Oersted ist die Einheit der magnetischen Feldstärke in dem System der nichtrationalen elektromagnetischen CGS-Einheiten. Wir betrachten einen geraden, unendlich langen, fadenförmigen Stromleiter von vernachlässigbar kleinem Durchmesser; er selbst und der ganze Raum, in den er eingebettet ist, sollen dieselbe Permeabilität haben. Wird er von einem Strom I durchflossen, so besteht in einem radialen Abstand r eine magnetische Feldstärke H. Da es sich um die Feldstärkeeinheit des nichtrationalen elektromagnetischen CGS-Systems handeln soll, müssen die nichtrational geschriebenen Zahlenwertgleichungen dieses Systemes herangezogen werden, hier also die Gleichung

$$\{H\} = \frac{2\{I\}}{\{r\}}. \tag{25.1}$$

Der Zahlenwert $\{H\}$ der magnetischen Feldstärke ist auf die Einheit 1 Oersted bezogen, der Zahlenwert $\{I\}$ der Stromstärke auf 1 elektromagnetische CGS-Einheit $1\,\{I\}_m = 10$ Ampere, der Zahlenwert $\{r\}$ des senkrechten Abstandes von der Achse auf 1 cm. (Zahlenwertgleichungen sind sinnlos, wenn nicht angegeben wird, auf welche Einheiten sie bezogen sind.) Wird daher der Stromleiter von 10 A durchflossen, so ist im Abstand von 2 cm der Zahlenwert der magnetischen Feldstärke

$$\{H\} = 1, \tag{25.2}$$

und dieses ist also der Zahlenwert der magnetischen Feldstärke, bezogen auf die Einheit 1 Oersted[1]). In der Zahlenwertgleichung (25.1) ist also

[1]) Natürlich kann man auch andere Anordnungen wählen, etwa eine lange dünne Zylinderspule, oder einen kreisförmigen Stromleiter; es müssen dann in entsprechender Weise gewisse Zahlenwerte (Versuchsbedingungen) dieser „experimentellen Definitionen" gegeben werden. Das allen Gemeinsame ist die Form

$$\oint \{\mathfrak{H}\}\,\{d\mathfrak{s}\} = 4\pi\,\{I\}$$

des Durchflutungsgesetzes, dieses als Zahlenwertgleichung geschrieben, bezogen auf nichtrationale elektromagnetische CGS-Einheiten. Für diese experimentellen Definitionen ist also keine Voraussetzung darüber gemacht, wie ihrerseits die elektromagnetische CGS-Einheit der Stromstärke definiert ist.

$z = 2$. Alles Weitere folgt mit Rücksicht auf die Verknüpfungsgleichung (5.5) zwangläufig:

a) Definiert man eine Größe H' durch die Größengleichung

$$H' = \frac{2I}{r}, \tag{25.3}$$

so folgt aus dieser und der vorausgesetzten Zahlenwertgleichung (25.1) die Einheitengleichung

$$[H'] = \frac{[I]_m}{[r]} = \frac{10\,\mathrm{A}}{\mathrm{cm}} = 1\,\mathrm{Oe}'. \tag{25.4}$$

(In der Größengleichung (25.3) ist $Z = 2$, in der Zahlenwertgleichung (25.1) ist $z = 2$, in der Einheitengleichung (25.4) ist daher $\zeta = Z/z = 1$). Nach der Größengleichung hat in der gewählten Anordnung die magnetische Feldstärke im Aufpunkt die Größe

$$H' = \frac{2 \cdot 10\,\mathrm{A}}{2\,\mathrm{cm}} = 10\,\frac{\mathrm{A}}{\mathrm{cm}} = 1\,\mathrm{Oe}'.$$

b) Definiert man eine andere Größe H durch die Größengleichung

$$H = \frac{I}{2\pi r}, \tag{25.5}$$

so folgt aus dieser und der Zahlenwertgleichung (25.1) die Einheitengleichung

$$[H] = \frac{1}{4\pi}\,\frac{[I]_m}{[r]} = \frac{1}{4\pi}\,\frac{10\,\mathrm{A}}{\mathrm{cm}} = 1\,\mathrm{Oe}. \tag{25.6}$$

(In der Größengleichung (25.5) ist $Z = 1/2\pi$, in der Zahlenwertgleichung (25.1) ist $z = 2$, in der Einheitengleichung (25.6) ist daher $\zeta = Z/z = 1/4\pi$.) Nach der Größengleichung (25.5) hat in der gewählten Normalanordnung die magnetische Feldstärke im Aufpunkt die Größe

$$H = \frac{10\,\mathrm{A}}{2\pi \cdot 2\,\mathrm{cm}} = \frac{1}{4\pi}\,\frac{10\,\mathrm{A}}{\mathrm{cm}} = 1\,\mathrm{Oe}.$$

Das magnetische Feld als physikalischer *Zustand* ist natürlich in beiden Fällen a), b) dasselbe. Stromstärke und Abstand sind ja in beiden Fällen dieselben. Dasselbe magnetische Feld wird nur durch zwei verschieden definierte *Größen H' und H gekennzeichnet.* Wir vergleichen die beiden Größen und die beiden Einheiten:

$$H' = 4\pi H, \quad \mathrm{Oe}' = 4\pi\,\mathrm{Oe}, \tag{25.7}$$

daher

$$\frac{H'}{\mathrm{Oe}'} = \frac{\mathrm{H}}{\mathrm{Oe}} = \{H\}; \tag{25.8}$$

wie wir mit (25.1) vorausgesetzt haben, ist der Zahlenwert in beiden Fällen gleich. Die Größe H' ist um genau denselben Zahlenfaktor größer als die Größe H, um welchen die Einheit Oe' größer ist als die Einheit Oe.

Wir nen nen H' und Oe′ die nichtrational definierte Größe und Einheit, H und Oe die rational definierte Größe und Einheit. Hält man an der Zahlenwertgleichung (25.1) fest, so kann man über die *Einheit* auf keine andere Weise eine eindeutige Aussage machen, als dadurch, daß man sich entweder für die nichtrational definierte *Größe* H' (25.3) oder für die rational definierte *Größe* H (25.5) entscheidet.

c) Wir lassen nun die bis jetzt gemachte Voraussetzung fallen, daß für die verschiedenen Definitionen der *Größe* die Zahlenwertgleichung dieselbe ist. Wir stellen der Zahlenwertgleichung

$$\{H'\} = \frac{2\{I\}}{\{r\}} \tag{25.9}$$

die Zahlenwertgleichung

$$\{H\} = \frac{\{I\}}{2\pi\{r\}} \tag{25.10}$$

gegenüber. Wir betrachten

$$H' = \frac{2I}{r} \tag{25.11}$$

als die zu (25.9) gehörende und

$$H = \frac{I}{2\pi r} \tag{25.12}$$

als die zu (25.10) gehörende Größengleichung. Wir nennen (25.9) und (25.11) nichtrationale, dagegen (25.10) und (25.12) rationale Formen. In (25.9) und (25.11) ist $z = Z = 2$, in (25.10) und (25.12) ist $z = Z = 1/2\pi$, in beiden Fällen ist also in der Einheitengleichung $\zeta = Z/z = 1$ und daher ist

$$[H'] = [H] = \frac{[I]_m}{[r]} = \frac{10\text{ A}}{\text{cm}}; \tag{25.13}$$

dies ist die Einheit 1 Oe′ der Gleichung (25.4). Die Einheiten der beiden verschiedenen Größen H, H' sind gleich, jedoch sind nun die Zahlenwerte verschieden: wird der Leiter von einem Strom der Stärke 1 $[I]_m = 10$ A durchflosssen, so ist im senkrechten Abstand von 2 cm der Zahlenwert der einen Größe $\{H'\} = 1$, der Zahlenwert der anderen $\{H\} = 1/4\pi$. Auch hier muß man also eine zusätzliche Entscheidung fällen, wenn man zu eindeutigen Aussagen kommen will.

Setzt man also zusammen miteinander voraus: die am meisten verbreitete nichtrationale Zahlenwertgleichung, hier (25.1), und die heute ganz überwiegend gebräuchliche rationale Größengleichung, hier (25.5), so besteht zwangläufig und eindeutig die Einheitengleichung (25.6): das Oersted muß deswegen eine nichtkohärente Einheit sein, weil die Zahlenwertgleichung und die Größengleichung nicht denselben Zahlenfaktor haben.

Auch für die dielektrische Verschiebung bestehen zwei Paralleldefinitionen, die rationale Größe D und die nichtrationale Größe $D' = 4\pi D$.

Entsprechende Überlegungen und Entscheidungen sind also auch hier erforderlich.

26. Bemerkungen zur geschichtlichen Entwicklung

Für die Herleitung der Einheiten hatten wir im 16. Abschnitt den Grundsatz aufgestellt, daß zuerst die Größengleichungen vorhanden sein müssen und daß aus diesen die Einheitenbeziehungen abgeleitet werden; die Anzahl der voneinander unabhängigen Grund- oder Ausgangs-Einheiten, aus denen die anderen Einheiten abgeleitet werden, ist daher ebenso groß, wie die Anzahl der voneinander unabhängigen Größen. Von diesem Grundsatz ausgehend ergeben sich zwangläufig zum Beispiel die elektrostatischen CGS-Einheiten als cm-g-s-ε_0-Einheiten, die elektromagnetischen CGS-Einheiten als cm-g-s-μ_0-Einheiten. Diesem Ergebnis widerspricht nur scheinbar die bekannte Gepflogenheit, die CGS-Einheiten der Elektrizitätslehre mit den drei Grundeinheiten cm, g, s allein darzustellen. Es war nämlich nie in Zweifel gezogen, sondern im Gegenteil stets als selbstverständlich angenommen worden, daß bei den elektrostatischen Systemen die Dielektrizitätskonstante des leeren Raumes den Zahlenwert 1 hat und daß bei den elektromagnetischen Systemen die Permeabilität des leeren Raumes den Wert 1 hat. In der Tat hat man ja in jener Zeit fast ausschließlich mit Zahlenwertgleichungen gerechnet, also Zahlenwerte betrachtet. In der Sprache der Größenlehre lauten die beiden erwähnten Festlegungen:

$$\varepsilon/\varepsilon_0 = 1 \quad \text{oder} \quad [\varepsilon] = \varepsilon_0 \tag{26.1}$$

für die elektrostatischen Systeme,

$$\mu/\mu_0 = 1 \quad \text{oder} \quad [\mu] = \mu_0 \tag{26.2}$$

für die elektromagnetischen Systeme.

I. Vollständige und unvollständige Darstellung der CGS-Einheiten: Stellt man die elektrostatischen und die elektromagnetischen CGS-Einheiten dar als Potenzenprodukte der drei Grundeinheiten cm, g, s, also unvollständig im Sinne der Größenlehre, so ergeben sich eigentümliche Schwierigkeiten, die wir an dem folgenden Beispiel erläutern:

In der Literatur findet man die elektrostatische CGS-Einheit der elektrischen Ladung angegeben als

$$[Q]_s^* = \frac{1}{\text{s}} \sqrt{\text{g cm}^3} \tag{26.3}$$

und die elektromagnetische CGS-Einheit der elektrischen Ladung als

$$[Q]_m^* = \sqrt{\text{g cm}}\,, \tag{26.4}$$

ferner kann man die Angabe finden

$$1\,[Q]_m^* = 3 \cdot 10^{10}\,[Q]_s^*\,. \tag{26.5}$$

Die Division ergibt aus (26.3,4)

$$\frac{[Q]_e^*}{[Q]_m^*} = \frac{\mathrm{cm}}{\mathrm{s}}\,; \tag{26.6}$$

aber nach dem bekannten Versuch von KOHLRAUSCH und WEBER sollte das Einheitenverhältnis nicht durch die Geschwindigkeitseinheit cm/s, sondern durch die Lichtgeschwindigkeit bestimmt sein. — Überwindet man die Bedenken, die man gegen das gleichzeitige Bestehen der drei Gleichungen (26.3, 4, 5) haben kann, und setzt die erste und die zweite Gleichung in die dritte ein, so erhält man die geheimnisvolle Beziehung

$$1\,\mathrm{s} = 3 \cdot 10^{10}\,\mathrm{cm}. \tag{26.7}$$

Um nicht diese Folgerungen (26.6, 7) ziehen zu müssen, kann man sich nur die folgenden drei Wege offen halten:

1. Man kann erklären, daß die in (26.3) und (26.4) angeschriebenen Größen gar nicht Einheiten der elektrischen Ladung sind, sondern Einheiten anderer Größen, die mit Sicherheit verschiedenartig sind von der Größe: elektrische Ladung. Wir werden auf diesen Ausweg noch im 27. Abschnitt zurückkommen.

2. Man kann erklären, daß es *zwei* Größen „elektrische Ladung" gebe, die physikalisch verschiedenartig seien; die Einheit der einen sei (26.3), die der anderen (26.4). — Wenn man die Grundsätze der Größenlehre anerkennt, scheidet diese Möglichkeit aus zwei Gründen aus: erstens ist nach diesen Grundsätzen die Definition jeder physikalischen Größe endgültig: ist eine Größe einmal in bestimmter Weise definiert, so kann sie nicht ein zweites Mal auf eine solche Weise bestimmt werden, daß die zweite Definition eine Größe ergibt, die von der ersten Definition verschiedenartig ist. Zweitens wird in dieser Erklärung von den Einheiten auf die Größen geschlossen; nach dem Grundsatz der Größenlehre ist nur der umgekehrte Weg einwandfrei.

3. Man kann erklären, daß es nur *eine* Art der physikalischen Größe: elektrische Ladung gibt, daß aber (26.3) und (26.4) unvollkommene, das heißt dem gegenwärtigen Stand der Theorie nicht mehr genügende Darstellungen der elektrostatischen und der elektromagnetischen Einheit sind.

Die Größenlehre bejaht die zuletzt genannte dritte Möglichkeit. Ihr folgend läßt sich der bekannte klassische Versuch von KOHLRAUSCH und WEBER wie folgt darstellen:

Der Versuch wurde so ausgeführt[1]): Die Ladung eines Kondensators wurde in zwei Teile von bestimmtem Verhältnis geteilt, der eine Teil wurde durch den Ausschlag einer COULOMBschen Drehwaage, der andere

---

[1]) R. KOHLRAUSCH und W. WEBER, Elektrodynamische Maßbestimmungen, insbesondere Zurückführung der Stromintensitäts-Messungen auf mechanisches Maß, Abhandl. K. S. Ges. d. Wissensch. V (1857).

Teil durch den ballistischen Ausschlag einer Tangentenbussole gemessen; das Teilungsverhältnis war vorher durch Messung bestimmt worden. Dadurch sind die Ergebnisse der beiden Messungen so miteinander vergleichbar, wie wenn die beiden Teile gleich groß wären, mit anderen Worten, wie wenn *dieselbe* Ladung Q sowohl mit der Drehwaage, als auch mit der Bussole gemessen würde. Die Gesetze aber, durch die die Kraftwirkungen einerseits bei der Drehwaage, andererseits bei der Bussole bestimmt werden, können dazu dienen, eine Einheit $[Q]_s$ einerseits und eine Einheit $[Q]_m$ andererseits zu definieren; die erste wollen wir die elektrostatische, die zweite die elektromagnetische Einheit der Ladung Q nennen. — KOHLRAUSCH und WEBER haben es also nicht in Betracht gezogen, daß ruhende und bewegte Ladungen Größen verschiedener physikalischer Art sein könnten, sie sind im Gegenteil von derselben Ladung ausgegangen, die jedoch auf zwei verschiedene Weisen gemessen wird. Aus

$$Q = \{Q\}_s\,[Q]_s = \{Q\}_m\,[Q]_m \tag{26.8}$$

folgt zwingend

$$\frac{[Q]_m}{[Q]_s} = \frac{\{Q\}_s}{\{Q\}_m}. \tag{26.9}$$

KOHLRAUSCH und WEBER haben experimentell dieses Verhältnis

$$\frac{[Q]_m}{[Q]_s} = \alpha \tag{26.10}$$

bestimmt, das hiernach eine reine (unbenannte) Zahl ist, im Gegensatz zu dem Einheitenquotienten (26.6). Ihre damalige Auslegung des Messungsergebnisses α galt nun zunächst nicht etwa der Zurückführung der beiden Einheiten auf andere Einheiten, etwa auf g, cm, s — davon ist nicht die Rede —, sondern sie galt dem Vergleich der Kraft, die zwei bewegte Ladungen aufeinander ausüben, mit der Kraft, die zwischen ruhenden Ladungen besteht. Aber nach der Ableitung von $[Q]_s$ in (20.7) und von $[Q]_m$ in (20.30) ist in der Tat das Einheitenverhältnis $[Q]_m/[Q]_s$ eine unbenannte Zahl, nämlich nach (23.6) der Zahlenwert der Vakuumwellengeschwindigkeit c_0, bezogen auf die Einheit cm/s.

Was mit vier statt mit drei unabhängigen Grundeinheiten erreicht wird, das hat A. SOMMERFELD[1]) einmal eindrucksvoll so ausgesprochen: „Nachdem wir die Ladung zum Rang einer unabhängigen Einheit erhoben haben, braucht sie es sich nicht mehr gefallen zu lassen, zu sich selbst im Verhältnis c_0 stehen zu sollen. Zweifellos ist diese Aussage, mit der wir Generationen von Studenten erschreckt haben, mindestens sehr undidaktisch. Selbstverständlich verliert von unserem Standpunkt aus der KOHLRAUSCH-WEBERsche Versuch nichts von seiner Bedeutung; er mißt aber jetzt $\sqrt{\varepsilon_0\,\mu_0}$."

[1]) A. SOMMERFELD, Z. techn. Phys. 16 (1935) S. 423.

II. Elektrostatische und elektromagnetische „Dreiergrößen“: Es ist schon der folgende Schluß gezogen worden: In der zweiten Hälfte des vergangenen Jahrhunderts sind die elektrostatischen und die elektromagnetischen *Einheiten* mit den drei Grundeinheiten cm, g, s der Mechanik allein geschrieben worden; daher haben die Physiker jener Zeit offenbar die elektrischen und die magnetischen *Größen* abgeleitet aus den drei Grundgrößen Länge, Zeit und Masse der Mechanik, und dieses auf zwei verschiedenen Wegen, derart, daß einerseits elektrostatische, andererseits elektromagnetische Größen definiert wurden; dabei müssen aber diese Größen deswegen mechanische Größen sein, weil sie allein aus den Grundgrößen der Mechanik abgeleitet sind. — Auf diesen naheliegenden Gedanken ist schon im 1. Abschnitt hingewiesen worden.

Haben die Klassiker der Physik jener Zeit die Ansicht vertreten, daß die elektrischen und magnetischen *Größen* mechanische Größen seien, deswegen, weil in der gleichen Zeit die *Einheiten* der Elektrizitätslehre durch Potenzenprodukte aus Zentimeter, Gramm und Sekunde dargestellt wurden?

1. Man müßte eine Antwort auf diese Frage aus der Literatur finden können. Die folgenden Literaturstellen[1]) scheinen für diese Auffassung zu sprechen:

a) „Im allgemeinen ersieht man hieraus, daß der Quotient irgendeiner elektromotorischen Kraft, dividiert durch irgendeine Stromintensität, irgendeiner Geschwindigkeit gleich ist . . . Dieser Widerstand also muß einer gewissen Geschwindigkeit gleich sein . . .“ W. Weber in: Abh. d. königl. Ges. d. Wiss. Göttingen 10 (1862), Abh. d. math. Cl. S. 1—96.

b) „. . . c'est en prenant pour mesure pratique de résistance une résistance qui est représentée dans le système absolu par une vitesse de 1000 millions de centimètres par seconde, que l'on obtient l'ohm . . .“ W. Thomson in: Congrès International des Electriciens, Paris 1881, Comptes rendus de travaux (Paris 1882) S. 42.

c) „The phenomena by which electricity is known to us are of mechanical kind, and therefore they must be measured by mechanic units or standards.“ J. C. Maxwell und F. Jenkin in: Report of the thirty-third meeting of the British Association for the Advancement of Science . . . London (1864) S. 131.

Nach a) ist ein Widerstand gleich einer Geschwindigkeit, nach b) wird ein Widerstand „im absoluten System dargestellt (repräsentiert) durch eine Geschwindigkeit“. In c) werden die mechanischen Einheiten damit gerechtfertigt, daß die Erscheinungen, „durch die wir die Elektrizität erkennen“ von mechanischer Art seien. Von mechanischen Größen ist nicht die Rede.

---

[1]) Nach U. Stille, Messen und Rechnen . . ., S. 208/9.

In a) wird am deutlichsten eine elektrische Größe mit einer mechanischen Größe gleich gesetzt. Aber die Geschwindigkeit ist ein Vektor, der elektrische Widerstand ist ein Skalar: im Tensorcharakter sind die beiden Größen, deren Gleichheit behauptet wird, voneinander verschieden.

2. Wenn man annimmt, daß die Klassiker der Physik elektrostatische mechanische Größen und elektromagnetische mechanische Größen („Dreiergrößen") nach dem heutigen Größenbegriff gekannt und benutzt haben, so unterstellt man ihnen damit, daß sie gewisse Unstimmigkeiten in der Begriffsbildung vernachlässigt haben, beispielsweise die folgenden:

Die elektrostatische CGS-Einheit der elektrischen Spannung wurde damals geschrieben $[U]_s = \sqrt{\text{dyn}}$, und die elektromagnetische CGS-Einheit der Stromstärke $[I]_m = \sqrt{\text{dyn}}$. Die erste Einheit müßte also die Einheit einer Größe U_s, elektrostatische Spannung, sein, die zweite die Einheit einer Größe I_m, elektromagnetische Stromstärke. Da die CGS-Einheit der mechanischen Kraft $[F] = \text{dyn}$ ist, müßte für die erste Größe gelten $U_s^2 = F$, für die zweite $I_m^2 = F$, mit anderen Worten: einerseits das Quadrat der elektrostatischen Spannung, andererseits das Quadrat der elektromagnetischen Stromstärke ist eine Größe *von derselben Art*, wie das Produkt aus Beschleunigung und Masse. Die Differenz aus dem Quadrat einer Stromstärke und einer mechanischen Kraft, ebenso die Differenz aus dem Quadrat einer Spannung und einer mechanischen Kraft sind physikalisch sinnvolle Größen. — Aber die mechanische Kraft ist ein räumlicher Vektor, das Stromstärkequadrat ist ebenso, wie das Spannungsquadrat, ein Skalar.

Es muß ferner auffallen, daß in der Zeit, in der die CGS-Einheiten der Elektrizitätslehre allein mit den drei mechanischen Grundeinheiten geschrieben wurden, zwar wohl die Rede davon war, daß zum Beispiel der elektrische Widerstand eines Stromleiters gleich sei mit einer Geschwindigkeit, oder daß die Kapazität eines Kondensators gleich sei mit einer Länge, daß man aber wohl kaum die umgekehrte Ansicht vertrat, daß nämlich zum Beispiel eine bestimmte Geschwindigkeit, etwa eine Geschwindigkeitseinheit, verkörpert werde durch eine Rolle Widerstandsdraht, oder daß eine bestimmte Strecke, etwa die Länge eines Kurvenstückes, zu messen sei mit Hilfe der Kapazität eines Kondensators. Die Bezugnahme der Elektrizitätslehre auf die Mechanik hielt man für gerechtfertigt, die umgekehrte Richtung hielt man offenbar, wenn auch stillschweigend, doch für bedenklich.

3. Eine noch weit entschiedenere Antwort auf die Frage, ob die Klassiker der Physik *mechanische* Größen für die Elektrizitätslehre gebildet haben, liegt in der Tatsache, daß in jener Zeit die Physik von dem Größenbegriff kaum Gebrauch gemacht hat. Seine Wichtigkeit ist erst

durch die Arbeiten WALLOTS (1922, 1926) hervorgetreten. Hierauf haben wir schon im 15. Abschnitt hingewiesen. Zwar war selbstverständlich schon immer bekannt, daß das Ergebnis einer Messung durch das Produkt aus zwei Faktoren, nämlich dem speziellen Zahlenwert und der speziellen Einheit, ausgesprochen wird. Aber der entscheidende Punkt, den erst WALLOT klargelegt hat, ist die Tatsache, daß man die allgemeinen physikalischen Zusammenhänge durch Gleichungen aussprechen kann, bevor irgend etwas über Einheiten festgelegt ist. (Daher folgen die Einheitengleichungen aus den Größengleichungen, aber nicht umgekehrt.) Im scharfen Gegensatz dazu hat die Physik und die Elektrotechnik bis dahin praktisch ausschließlich mit *Zahlenwertgleichungen* gerechnet, diese bezogen auf ein jeweils gewähltes Einheitensystem. Man kann mit großer Sicherheit sagen: der Begriff der allgemeinen Größengleichung, die in sich selbst sinnvoll ist ohne Bezugnahme auf gewählte Einheiten, war von den Klassikern der Physik nicht gefaßt worden. Sie haben nicht allgemeine Größen definiert, um in allgemeinen Größengleichungen zu rechnen, sondern sie haben Beträge von Einheiten festgesetzt, um mit Zahlenwerten in Zahlenwertgleichungen rechnen zu können. Wenn also von den damaligen Darstellungen der Einheiten (aus cm, g, s) auf entsprechende mechanische Größen („Dreiergrößen") der Elektrizitätslehre geschlossen wird, so ist das eine Tat der Nachwelt. Aber gerade die Möglichkeit, von Einheitendefinitionen auf Größendefinitionen zu schließen, verneint die Größenlehre; nur den umgekehrten Weg hält sie für zulässig, und nur diesen umgekehrten Weg sind wir in dieser Darstellung gegangen (von der Größe gelangt man über die Einheit zum Zahlenwert, nicht umgekehrt).

27. Mechanische und elektrische Ersatzgrößen und ihre Einheiten

Im 2. Abschnitt hatten wir an einem Beispiel aus der Mechanik und einem anderen aus der Wärmelehre gezeigt, daß man immer eine unabhängige Größe dadurch zum Verschwinden bringen kann, daß man einen Erfahrungssatz umdeutet in eine eigentliche (echte) Definition. Dasselbe Vorgehen ist natürlich auch mit den Größen der Elektrizitätslehre möglich. Wir zeigen das an zwei Beispielen, ohne zunächst auf die Zweckmäßigkeit einzugehen:

I. Mechanische Ersatzgrößen und ihre Einheiten

1. Das COULOMBsche Kraftgesetz der Elektrostatik für zwei gleich große Ladungen Q im leeren Raum lautet als rationale Größengleichung

$$F = \frac{Q^2}{4\pi\,\varepsilon_0\,r^2}\,. \tag{27.1}$$

Daher ist die Kombination

$$Q_{*s} = \frac{Q}{\sqrt{4\pi\,\varepsilon_0}} \tag{27.2}$$

der zwei elektrischen Größen Q und ε_0 eine mechanische Größe. Da ε_0 eine Konstante ist, dürfen wir Q_{*s} als ein *Maß* für die elektrische Ladung Q bezeichnen, in dem Sinne, der dem Wort „Maß" im 3. Abschnitt gegeben worden ist. Q_{*s} ist eine mechanische Ersatzgröße für die elektrische Ladung Q. Durch die eigentliche (willkürliche) Definition (27.2) ist also die elektrische Ladung Q als unabhängige Größe aus der Elektrizitätslehre verschwunden[1]).

Die kohärente Einheit von Q_{*s} ist

$$[Q]_{*s} = [l]\,[F]^{1/2}, \tag{27.3}$$

ihre kohärente CGS-Einheit also

$$[Q_{*s}] = \sqrt{\text{erg cm}} = \frac{1}{\text{s}}\sqrt{\text{g cm}^3}. \tag{27.4}$$

Indem man von Q_{*s} nach (27.1) ausgeht, kann man nun in den Größengleichungen der Elektrizitätslehre der Reihe nach (indem man zum Beispiel die Reihenfolge der Tabelle im 12. Abschnitt einhält) mechanische Ersatzgrößen für die entsprechenden elektrischen und magnetischen Größen substituieren. Man erhält zum Beispiel die mechanische Ersatzgröße $\mathfrak{E}_{*s}$ der elektrischen Feldstärke $\mathfrak{E}$ durch die Größengleichung $\mathfrak{F} = Q\,\mathfrak{E} = Q_{*s}\,\mathfrak{E}_{*s}$ zu $\mathfrak{E}_{*s} = \mathfrak{E}\sqrt{4\pi\,\varepsilon_0}$, und so weiter. Die Beziehungen der mechanischen Ersatzgrößen zu den elektrischen und magnetischen Originalgrößen sind dann die folgenden:

$$\begin{aligned}
\sqrt{4\pi\,\varepsilon_0} &= \frac{Q}{Q_{*s}} = \frac{I}{I_{*s}} = \frac{U_{*s}}{U} = \\
&= \left(\frac{R_{*s}}{R}\right)^{1/2} = \left(\frac{L_{*s}}{L}\right)^{1/2} = \left(\frac{C}{C_{*s}}\right)^{1/2} = \\
&= \frac{E_{*s}}{E} = \frac{B_{*s}}{B} = \frac{P}{P_{*s}} = \frac{J}{J_{*s}}, \\
\sqrt{\frac{4\pi}{\varepsilon_0}} &= \frac{D_{*s}}{D} = \frac{H_{*s}}{H}, \\
\frac{1}{\varepsilon_0} &= \frac{\varepsilon_{*s}}{\varepsilon} = \frac{\mu}{\mu_{*s}} = \frac{\Lambda}{\Lambda_{*s}}.
\end{aligned} \tag{27.5}$$

Alle mit einem Stern als Index geschriebenen Größen sind mechanische Größen, zum Beispiel ist $\mu_{*s} = \mu_r\,\mu_0\,\varepsilon_0 = \mu_r/c_0^2$, also gleich der Permeabilitätszahl, geteilt durch die Vakuumwellengeschwindigkeit, und $\varepsilon_{*s} = \varepsilon/\varepsilon_0 = \varepsilon_r$ gleich der Dielektrizitätszahl.

Die CGS-Einheiten der mechanischen Ersatzgrößen von der Art G_{*s}, die man ausgehend von $[Q_{*s}]$ nach (27.4) erhält, sind in der Tabelle X zusammengestellt.

---

[1]) Gerade so, wie im 2. Abschnitt in dem Beispiel b) durch eine eigentliche (willkürliche) Definition die Masse als unabhängige Größe aus der Mechanik und im Beispiel c) ebenso durch eine eigentliche (willkürliche) Definition die Temperatur als unabhängige Größe aus der Wärmelehre verschwunden ist.

2. Das AMPÈREsche Gesetz für die Kraft zwischen zwei parallelen, linearen Leitern für zwei gleich große Leitungsströme I im Vakuum lautet als rationale Größengleichung

$$F = \frac{\mu_0 I^2 l}{2\pi r}. \tag{27.6}$$

Daher ist die Kombination

$$I_{*m} = I \sqrt{\frac{\mu_0}{4\pi}} \tag{27.7}$$

der zwei elektrischen Größen I und μ_0 eine mechanische Größe. Da μ_0 eine Konstante ist, dürfen wir I_{*m} als ein *Maß* für die elektrische Stromstärke I bezeichnen, in dem im 3. Abschnitt gegebenen Wortsinne. I_{*m} ist eine mechanische Ersatzgröße für die elektrische Stromstärke $I = -\mathrm{d}Q/\mathrm{d}t$. Auch hier ist also durch die eigentliche (willkürliche) Definition einer neuen Größe (27.7) die elektrische Ladung als unabhängige Größe aus der Elektrizitätslehre verschwunden.

Die kohärente Einheit von I_{*m} ist

$$[I_{*m}] = [F]^{1/2}, \tag{27.8}$$

die kohärente CGS-Einheit also

$$[I_{*m}] = \sqrt{\mathrm{dyn}} = \frac{1}{s}\sqrt{\mathrm{g\ cm}}. \tag{27.9}$$

Indem man von I_{*m} nach (27.7) ausgeht, kann man nun in den Größengleichungen der Elektrizitätslehre der Reihe nach mechanische Ersatzgrößen für die entsprechenden elektrischen und magnetischen Originalgrößen substituieren. Man erhält die folgenden Beziehungen der mechanischen Ersatzgrößen zu den elektrischen und magnetischen Originalgrößen

$$\begin{aligned} \sqrt{\frac{4\pi}{\mu_0}} &= \frac{Q}{Q_{*m}} = \frac{I}{I_{*m}} = \frac{U_{*m}}{U} = \\ &= \left(\frac{R_{*m}}{R}\right)^{1/2} = \left(\frac{L_{*m}}{L}\right)^{1/2} = \left(\frac{C}{C_{*m}}\right)^{1/2} = \\ &= \frac{E_{*m}}{E} = \frac{B_{*m}}{B} = \frac{P}{P_{*m}} = \frac{J}{J_{*m}}, \\ \sqrt{4\pi\mu_0} &= \frac{D_{*m}}{D} = \frac{H_{*m}}{H}, \\ \mu_0 &= \frac{\varepsilon_{*m}}{\varepsilon} = \frac{\mu}{\mu_{*m}} = \frac{\Lambda}{\Lambda_{*m}}. \end{aligned} \tag{27.10}$$

Alle mit einem Stern als Index geschriebenen Größen sind mechanische Größen, zum Beispiel ist $\varepsilon_{*m} = \varepsilon_r \varepsilon_0 \mu_0 = \varepsilon_r/c_0^2$, also gleich der Dielektrizitätszahl, geteilt durch die Vakuumwellengeschwindigkeit und $\mu_{*m} = \mu/\mu_0 = \mu_r$ gleich der Permeabilitätszahl.

Die CGS-Einheiten der mechanischen Ersatzgrößen von der Art G_{*m}, die man ausgehend von $[I_{*m}]$ nach (27.9) erhält, sind in Tabelle X zusammengestellt.

3. Wir haben auf zwei verschiedenen Wegen — in 1. durch die Substitution (27.1) und in 2. durch die Substitution (27.7) — eine unabhängige elektrische Größe zum Verschwinden gebracht („hinwegdefiniert"), haben also nur noch die drei unabhängigen Größen der Mechanik als Grundgrößen. Aber sobald wir die jeweilige Ausgangsgleichung — entweder (27.1) oder (27.7) — zu den jeweiligen Gleichungen der mechanischen Ersatzgrößen hinzunehmen, haben wir wieder vier voneinander unabhängige Grundgrößen. Die mechanischen Ersatzgrößen wären nur dadurch zu rechtfertigen, daß man absichtlich die Zusammenhänge (27.1) oder (27.7) ignorieren wollte. Dazu aber liegt kein Grund vor; man wird nicht auf die elektrischen und magnetischen Originalgrößen zugunsten der mechanischen Ersatzgrößen verzichten.

Wir betrachten noch die Einheiten der mechanischen Ersatzgrößen in der Tabelle X: die Einheiten der ersten Spalte fallen zusammen mit den elektrostatischen, die der zweiten Spalte mit den elektromagnetischen CGS-Einheiten, wenn man in der früher für ausreichend gehaltenen Weise die elektrostatischen Einheiten ohne ε_0, die elektromagnetischen ohne μ_0 schreibt. Darf man daraus schließen, daß in der Zeit, in der man die CGS-Einheiten so schrieb, die mechanischen Ersatzgrößen von der Art G_{*s} und G_{*m} bekannt waren? Man kann diese Frage mit aller Bestimmtheit verneinen: diese mechanischen Ersatzgrößen sind erst durch die Arbeiten von E. Bryliński und F. Emde bekannt geworden[1]), sie konnten also in jener Zeit nicht gemeint gewesen sein.

II. Elektrische Ersatzgrößen und ihre Einheiten

1. In I.1. und 2. sind durch zwei verschiedene Substitutionen für die elektrischen und magnetischen Größen zwei Arten von Ersatzgrößen geschaffen worden, die sich aus den Grundgrößen: Länge, Zeit und Masse allein ableiten. Ebensogut kann man durch andere Substitutionen Ersatzgrößen hervorbringen, die sich aus den drei Grundgrößen: Länge, Zeit und elektrische Ladung allein ableiten. Dort war die Ersatzgröße der elektrischen Ladung eine mechanische Größe geworden, hier wird ganz entsprechend die Ersatzgröße der Kraft und der Masse eine elektrische Größe. Wir zeigen das Vorgehen an zwei Beispielen:

2. Nach dem Coulombschen Kraftgesetz der Elektrostatik für zwei gleich große Ladungen im leeren Raum (27.1) ist die Kombination

$$F'_s = 4\pi\,\varepsilon_0\,F \qquad (27.11)$$

eine elektrische Größe. Da ε_0 eine Konstante ist, ist F'_s ein *Maß* für die mechanische Kraft F, die elektrische Größe F'_s ist hier die Ersatzgröße für die mechanische Größe F. Die kohärente Einheit von F'_s ist

$$[F'_s] = \frac{[Q]^2}{[l]^2}\,. \qquad (27.12)$$

[1]) E. Bryliński, Bulletin Soc. Franç. Electr. (5) 8 (1937), S. 259—272. F. Emde, Z. phys. chem. Unterr. 53 (1940) S. 65—70.

Wir bezeichnen nun mit dem Kurzzeichen q eine passend bestimmte Ladungseinheit $[Q]$; da die elektrische Ladung Q unabhängige Grundgröße ist, ist also die Ladungseinheit q keine abgeleitete Einheit, sondern Grundeinheit. Ferner bezeichnen wir Einheiten, die als Potenzenprodukte der drei Grundeinheiten $[l] = \text{cm}$, $[Q] = \text{q}$, $[t] = \text{s}$ abgeleitet sind, als CQS-Einheiten[1]). Die zu (27.12) kohärente CQS-Einheit der Energie ist also $[W'_s] = \text{q}^2/\text{cm}$. Das weitere Vorgehen entspricht durchaus dem in I. gezeigten Wege: Von der Ersatzgröße F'_s nach (27.11) ausgehend kann man in den Größengleichungen der Elektrizitätslehre der Reihe nach für die elektrischen und magnetischen Größen Ersatzgrößen substituieren, so zum Beispiel wird für die elektrische Feldstärke $\mathfrak{E}$ die Ersatzgröße $\mathfrak{E}'_s = \mathfrak{F}'_s/Q = Q/r^2$, und so weiter. Die weiteren Beziehungen der Ersatzgrößen zu den elektrischen und magnetischen Originalgrößen lassen sich leicht der Reihe nach anschreiben. Die CQS-Einheiten der Ersatzgrößen von der Art G'_s, die man ausgehend von (27.12) erhält, sind in der Tabelle XI zusammengestellt.

3. Nach dem Ampèreschen Gesetz für die Kraft im Vakuum zwischen zwei parallelen linearen Leiterstücken der Länge l bei gleich großen Leitungsströmen (27.6) ist die Kombination

$$F'_m = F \frac{4\pi}{\mu_0} \tag{27.13}$$

eine elektrische Größe. Da μ_0 eine Konstante ist, ist F'_m ein *Maß* für die mechanische Kraft F, die elektrische Größe F'_m ist hier die Ersatzgröße für die mechanische Größe F. Die kohärente Einheit von F'_m ist

$$[F'_m] = [I]^2. \tag{27.14}$$

Wir bezeichnen auch hier die passend gewählte Einheit der elektrischen Ladung Q mit dem Kurzzeichen q. Die kohärente CQS-Einheit der Ersatzgröße F'_s ist also

$$[F'_m] = \text{q}^2/\text{s}^2, \tag{27.15}$$

die kohärente Energieeinheit ist $[W'_m] = \text{q}^2\,\text{cm/s}^2$, und so weiter. Man kann auf dem mehrfach beschriebenen Wege, indem man von der Ersatzgröße F'_m nach (27.13) ausgeht, in den Größengleichungen der Reihe nach für die elektrischen und die magnetischen Größen Ersatzgrößen substituieren; die Beziehungen der Ersatzgrößen zu den Originalgrößen lassen sich leicht der Reihe nach anschreiben. Die CQS-Einheiten der Ersatzgrößen von der Art G'_m, die man ausgehend von (27.15) erhält, sind in der Tabelle XI zusammengestellt.

---

[1]) Ebenso, wie man bei den CGS-Einheiten das Kurzzeichen g mit dem Wort „Gramm" ausspricht und darunter eine unabhängige Masseneinheit versteht, kann man, wenn man will, das Kurzzeichen q mit dem Wort „Quantum" aussprechen und darunter eine unabhängige Ladungseinheit verstehen.

4. Bemerkenswert in der Tabelle XI sind die Beziehungen in der ersten Zeile, ferner zahlreiche Parallelitäten zu den Einheiten in Tabelle X, schließlich die Tatsache, daß in den abgeleiteten Einheiten der Tabelle XI nur ganzzahlige Exponenten auftreten. Das liegt natürlich an den Substitutionen (27.11) und (27.13). — Auch über die Ersatzgrößen von der Art G'_s und G'_m läßt sich das Urteil fällen, daß man keinen Anlaß hat, zu ihren Gunsten auf die Originalgrößen zu verzichten, ebensowenig, wie man das zugunsten der Ersatzgrößen von der Art G_{*s} und G_{*m} tun wird.

D. Umrechnungen von Zahlenwerten und von Einheiten

28. Zur Methode

Der von uns befolgte Grundsatz, daß aus gegebenen Größendefinitionen und Größengleichungen die Einheitendefinitionen und Einheitengleichungen folgen, aber nicht umgekehrt, hat nicht nur eine einheitliche theoretische Darstellung der Einheiten und Einheitenbeziehungen gebracht, sondern er hat auch eine Folge, die für die Praxis des Rechnens mit Zahlenwerten und mit Einheiten besonders angenehm ist:

Wenn die notwendige und ausreichende Anzahl der voneinander unabhängigen Größen (Grundgrößen) nicht wählbar, sondern nach bestimmten Grundsätzen feststellbar ist, so ist für ein und dieselbe physikalische Erscheinung nur eine Größendefinition gerechtfertigt, nämlich die, die auf der gefundenen notwendigen und hinreichenden Anzahl von unabhängigen Grundgrößen beruht. Es gibt dann für ein und dieselbe physikalische Erscheinung, im Gegensatz zu den Beispielen des 1. und 2. Abschnittes, nicht mehrere Größendefinitionen, die verschiedenartig voneinander sind. Zwei verschiedene Einheiten derselben Größe können sich voneinander nur um einen Faktor unterscheiden, der eine reine (unbenannte) Zahl ist. Die zugehörigen Zahlenwerte verhalten sich zueinander umgekehrt, wie sich die Einheiten verhalten, und dieser Umrechnungsfaktor ist eine reine Zahl[1]). Die Umrechnungstabellen für die Zahlenwerte und die für die Einheiten fallen zusammen. Der formale Apparat und die Rechenarbeit werden klein.

29. Umrechnungen praktischer Einheiten

Die Umrechnung GIORGIscher und MIEscher praktischer Einheiten und der auf sie bezogenen Zahlenwerte geschieht durch die Beziehung

[1]) „Der Realist behält sich vor zu sagen: Spannung ist Spannung, und die Maßzahlen verhalten sich umgekehrt proportional zu den Einheiten. Zum Beispiel will er sagen dürfen: 1 elektrostatische Spannungseinheit gleich $3 \cdot 10^{10}$ elektromagnetische Spannungseinheiten." H. KÖNIG, Bull. Schweiz. Elektrot. Ver. 47 (1950) S. 625. Ebenso: K. KÜPFMÜLLER, Einführung in die theoretische Elektrotechnik, Anhang: Maßsysteme, zum Beispiel 6. Aufl., Berlin/Göttingen/Heidelberg: Springer 1959, S. 499.

1 m = 10^2 cm, vergleiche Tabelle III. Die GIORGIschen Einheiten der elektrischen und magnetischen Größen sind kohärent mit den Einheiten der Mechanik, die Potenzenprodukte der drei Grundeinheiten m, kg, s sind. Die MIEschen Einheiten bilden innerhalb der Elektrizitätslehre ein kohärentes System, vergleiche die Gegenüberstellung im 19. Abschnitt.

Die Umrechnnug aus Angaben, die auf die Ag—Hg-Einheiten bezogen sind, auf praktische absolute Einheiten geschieht durch die Umrechnungsfaktoren, die in (18.5, 6, 7) angegeben sind. Der Unterschied dieser Zahlen gegen 1 kann in gegebenen Fällen vernachlässigt werden.

30. Umrechnungen von Zahlenwerten und von Einheiten des elektrostatischen und des elektromagnetischen CGS-Systems

Wir beschränken uns auf die Umrechnung zwischen dem nichtrationalen elektrostatischen und dem nichtrationalen elektromagnetischen System oder, was dasselbe ist, zwischen dem rationalen elektrostatischen und dem rationalen elektromagnetischen System. In dem Falle, daß das eine System rational, das andere nichtrational ist, treten als zusätzliche Umrechnungsfaktoren die Zahlen $\sqrt{4\pi}$ und $1/\sqrt{4\pi}$ auf; man rechnet dann zuerst so um, wie wenn beide Systeme entweder nichtrational oder rational wären und benutzt hinterher die Tabellen V und VI oder VII und VIII.

Der Umrechnungsfaktor ist nach (23.5, 5a, 6) gegeben durch

$$\frac{[Q]_m}{[Q]_s} = \frac{[Q]_{m,r}}{[Q]_{s,r}} = \frac{c_0}{\text{cm/s}} = \{c_0\}, \tag{30.1}$$

er ist der Zahlenwert der Vakuumwellengeschwindigkeit, bezogen auf cm/s. In Übereinstimmung mit den Zahlenwertgleichungen in Tabelle II schreiben wir den Umrechnungsfaktor $\{c_0\}$ mit dem Zeichen α. Er tritt nur in folgenden Potenzen auf:

$$\begin{aligned}
1 &= \frac{[F]_m}{[F]_s} = \frac{[m]_m}{[m]_s} = \frac{[W]_m}{[W]_s} = \frac{[w]_m}{[w]_s} = \frac{[S]_m}{[S]_s}, \\
\alpha &= \frac{[Q]_m}{[Q]_s} = \frac{[I]_m}{[I]_s} = \frac{[G]_m}{[G]_s} = \frac{[D]_m}{[D]_s} = \\
&= \frac{[\Psi]_m}{[\Psi]_s} = \frac{[P]_m}{[P]_s} = \frac{[H]_m}{[H]_s} = \frac{[V]_m}{[V]_s}, \\
\frac{1}{\alpha} &= \frac{[U]_m}{[U]_s} = \frac{[E]_m}{[E]_s} = \frac{[B]_m}{[B]_s} = \frac{[\Phi]_m}{[\Phi]_s}, \\
\alpha^2 &= \frac{[\varepsilon]_m}{[\varepsilon]_s} = \frac{[C]_m}{[C]_s}, \\
\frac{1}{\alpha^2} &= \frac{[\mu]_m}{[\mu]_s} = \frac{[L]_m}{[L]_s} = \frac{[\Lambda]_m}{[\Lambda]_s} = \frac{[R]_m}{[R]_s} = \frac{[\varrho]_m}{[\varrho]_s}.
\end{aligned} \tag{30.2}$$

In der Tabelle XII bedeutet G die Größe, $[G]_m$ die elektromagnetische CGS-Einheit, $\{G\}_m$ den auf diese Einheit bezogenen Zahlenwert, $[G]_s$ die elektrostatische CGS-Einheit, $\{G\}_s$ den auf diese Einheit bezogenen Zahlenwert. $\{G\}_s/\{G\}_m = [G]_m/[G]_s$. — Umrechnungsfaktoren in Zahlen: Tabelle XIV.

31. Umrechnungen von Zahlenwerten und von Einheiten des elektrostatischen CGS-Systems und des praktischen Systems

Wir beschränken uns auf das rationale MKSA-System und das nichtrationale elektrostatische CGS-System, denn die nichtrationale Spielart des MKSA-Systems wurde bisher praktisch nicht angewendet, und das nichtrationale elektrostatische CGS-System war und ist weitaus verbreiteter als das rationale. (Zur Umrechnung der rationalen elektrostatischen CGS-Einheiten in die gebräuchlichen nichtrationalen stehen die Tabellen V und VI zur Verfügung.) Die Umrechnungsfaktoren werden übersichtlich, wenn die praktischen Einheiten auf die Längeneinheit 1 cm $= 10^{-2}$ m bezogen werden.

In der Tabelle XIII bedeutet G die Größe, $[G]_p$ ihre absolute praktische Einheit, ausgedrückt als Potenzenprodukt der Einheiten A, V, s, cm (Miesche Darstellung), $\{G\}_p$ den auf die Einheit $[G]_p$ bezogenen Zahlenwert, $[G]_s$ die nichtrationale elektrostatische CGS-Einheit, $\{G\}_s$ den auf diese Einheit bezogenen Zahlenwert. $\{G\}_p/\{G\}_s = [G]_s/[G]_p$. Umrechnungsfaktoren in Zahlen: Tabelle XIV.

32. Umrechnungen von Zahlenwerten und von Einheiten des elektromagnetischen CGS-Systems und des praktischen Systems

Auch hier beschränken wir uns auf das fast ausschließlich benutzte rationale MKSA-System und das am meisten verbreitete nichtrationale elektromagnetische CGS-System. (Zur Umrechnung der rationalen elektromagnetischen CGS-Einheiten in die gebräuchlichen nichtrationalen stehen die Tabellen VII und VIII zur Verfügung.) Die Umrechnungsfaktoren werden übersichtlich, wenn die praktischen Einheiten auf die Längeneinheit 1 cm $= 10^{-2}$ m bezogen werden.

In der Tabelle XIII bedeutet G die Größe, $[G]_p$ ihre absolute praktische Einheit, ausgedrückt als Potenzenprodukt der Einheiten A, V, s, cm (Miesche Darstellung), $\{G\}_p$ den auf die Einheit $[G]_p$ bezogenen Zahlenwert, $[G]_m$ die nichtrationale elektromagnetische CGS-Einheit, $\{G\}_m$ den auf diese Einheit bezogenen Zahlenwert. $\{G\}_p/\{G\}_m = [G]_m/[G]_p$. Umrechnungsfaktoren in Zahlen: Tabelle XIV.

III. Tabellen

Tabelle I. Größengleichungen, rationale Größendefinitionen

Kräfte

$$\mathfrak{F} = Q\,\mathfrak{E}, \qquad \mathfrak{F} = \frac{Q_1 Q_2}{4\pi\,\varepsilon_r\,\varepsilon_0\,r^2}\,\mathfrak{r}^0$$

$$\mathfrak{F} = I \cdot \mathfrak{l} \times \mathfrak{B} = Q \cdot \mathfrak{v} \times \mathfrak{B}, \qquad \mathfrak{F} = \frac{\mu_r\,\mu_0\,I_1\,I_2\,l}{2\pi\,r},$$

räumliche Feldenergiedichten

$$w_e = \int_0^E \mathfrak{E}\,\mathrm{d}\mathfrak{D}, \qquad w_e = \frac{1}{2}\,\mathfrak{E}\,\mathfrak{D},$$

$$w_m = \int_0^B \mathfrak{H}\,\mathrm{d}\mathfrak{B}, \qquad w_m = \frac{1}{2}\,\mathfrak{H}\,\mathfrak{B},$$

Substanzgleichungen

$$\mathfrak{D} = \varepsilon_r\,\varepsilon_0\,\mathfrak{E} = \varepsilon_0\,\mathfrak{E} + \mathfrak{P},$$

$$\mathfrak{B} = \mu_r\,\mu_0\,\mathfrak{H} = \mu_0\,\mathfrak{H} + \mathfrak{J} = \mu_0(\mathfrak{H} + \mathfrak{M}),$$

$$\mathfrak{B}_{\mathrm{tot}} = \mu_r\,\mu_0\,\mathfrak{H} + \mathfrak{J}^p,$$

Stromstärke, Stromdichte

$$I = -\frac{\mathrm{d}Q}{\mathrm{d}t} = \int_a \mathfrak{G}\,\mathrm{d}\mathfrak{a},$$

Flüsse

$$\Psi = \int_a \mathfrak{D}\,\mathrm{d}\mathfrak{a},$$

$$\Phi = \int_a \mathfrak{B}\,\mathrm{d}\mathfrak{a},$$

$$\Theta = \int_a \mathfrak{G}\,\mathrm{d}\mathfrak{a} + \frac{\mathrm{d}\Psi}{\mathrm{d}t},$$

Spannungen

$$U_{12} = \int_1^2 \mathfrak{E}\,\mathrm{d}\mathfrak{s},$$

$$V_{12} = \int_1^2 \mathfrak{H}\,\mathrm{d}\mathfrak{s},$$

Ohmsches Gesetz

$$\mathfrak{E} + \mathfrak{E}^e = \varrho\,\mathfrak{G}, \qquad U_{21} = E_{12} - R\,I,$$

Kapazität, Induktivität, magnetischer Leitwert

$$C = \frac{Q}{U}, \qquad L = \frac{2\,W_m}{I^2}, \qquad L_{12} = \frac{\Phi_2^{(1)}}{I_1}, \qquad \Phi = \Lambda\,V,$$

elektrischer Hüllenfluß, magnetischer Hüllenfluß

$$\oint \mathfrak{D}\,\mathrm{d}\mathfrak{a} = \mathring{\Sigma} Q, \quad \oint \mathfrak{B}_{\mathrm{tot}}\,\mathrm{d}\mathfrak{a} = 0,$$

Durchflutungsgesetz, Induktionsgesetz

$$\oint \mathfrak{H}\,\mathrm{d}\mathfrak{s} \equiv \mathring{V} = \Theta = \Sigma I + \frac{\mathrm{d}\Psi}{\mathrm{d}t},$$

$$\oint \mathfrak{E}\,\mathrm{d}\mathfrak{s} \equiv \mathring{U} = -\frac{\mathrm{d}\Phi}{\mathrm{d}t},$$

Grundgesetze für ruhende Körper in Differentialform

$$\mathrm{rot}\,\mathfrak{H} = \mathfrak{G} + \frac{\partial\mathfrak{D}}{\partial t}, \quad \mathrm{rot}\,\mathfrak{E} = -\frac{\partial\mathfrak{B}}{\partial t}.$$

$$\mathrm{div}\,\mathfrak{D} = \eta, \quad \mathrm{div}\,\mathfrak{B}_{\mathrm{tot}} = 0,$$

Flächendichte der Strahlungsleistung, Vakuumwellengeschwindigkeit, Vakuumwellenwiderstand

$$\mathfrak{S} = \mathfrak{E}\times\mathfrak{H}, \quad c_0 = \frac{1}{\sqrt{\varepsilon_0\mu_0}}, \quad \Gamma_0 = \sqrt{\frac{\mu_0}{\varepsilon_0}}.$$

Nichtrationale Größendefinitionen (Paralleldefinitionen)

Bei den geometrischen und energetischen Größen (Energie, Arbeit, Kraft, Leistung) gibt es jeweils nur eine Größendefinition (die rationale). Läßt man gleichfalls für die elektrische Ladung nur eine Größendefinition zu (die rationale), so bestehen folgende Beziehungen zwischen den rational definierten Größen der oben gegebenen Zusammenstellung und den nicht rational definierten Größen (die im folgenden mit einem Strich (′) gekennzeichnet sind):

$$\mathfrak{D}' = 4\pi\,\mathfrak{D}, \quad \text{daher} \quad \Psi' = 4\pi\,\Psi,$$

$$\mathfrak{H}' = 4\pi\,\mathfrak{H}, \quad \text{,,} \quad V' = 4\pi\,V,$$

$$\varepsilon' = 4\pi\,\varepsilon, \quad \text{,,} \quad \varepsilon_0' = 4\pi\,\varepsilon_0,$$

$$\mu' = \mu/4\pi, \quad \text{,,} \quad \mu_0' = \mu_0/4\pi,$$

$$\mathfrak{F}' = 4\pi\,\mathfrak{F}, \quad \text{,,} \quad \Lambda' = \Lambda/4\pi.$$

Man erhält die Größengleichungen in nichtrationaler Form, indem man diese Beziehungen einsetzt. Die wichtigsten nichtrationalen Gleichungen sind in (13.1) bis (13.26) angegeben.

Tabelle II. Zahlenwertgleichungen der Systeme

Kräfte

$$\mathfrak{F} = Q\,\mathfrak{E}, \quad \mathfrak{F} = \varphi\,\frac{Q_1 Q_2}{4\pi\varepsilon_r\varepsilon_0 r^2}\,\mathfrak{r}^0$$

$$\mathfrak{F} = \frac{I}{\alpha}\cdot\mathfrak{l}\times\mathfrak{B} = \frac{Q}{\alpha}\cdot\mathfrak{v}\times\mathfrak{B}, \quad \mathfrak{F} = \varphi\,\frac{\mu_r\mu_0 I_1 I_2 l}{2\pi r}$$

räumliche Feldenergiedichten

$$w_e = \frac{1}{\varphi}\int_0^E \mathfrak{E}\,\mathrm{d}\mathfrak{D}, \quad w_e = \frac{1}{2\varphi}\mathfrak{E}\,\mathfrak{D},$$

$$w_m = \frac{1}{\varphi}\int_0^B \mathfrak{H}\,\mathrm{d}\mathfrak{B}, \quad w_m = \frac{1}{2\varphi}\mathfrak{H}\,\mathfrak{B},$$

Substanzgleichungen

$$\mathfrak{D} = \varepsilon_r\,\varepsilon_0\,\mathfrak{E} = \varepsilon_0\,\mathfrak{E} + \varphi\,\mathfrak{P},$$

$$\mathfrak{B} = \mu_r\,\mu_0\,\mathfrak{H} = \mu_0\,\mathfrak{H} + \varphi\,\mathfrak{J} = \mu_0(\mathfrak{H} + \varphi\,\mathfrak{M}),$$

$$\mathfrak{B}_{\text{tot}} = \mu_r\,\mu_0\,\mathfrak{H} + \varphi\,\mathfrak{J}^p,$$

Stromstärke, Stromdichte

$$I = -\frac{\mathrm{d}Q}{\mathrm{d}t} = \int_a \mathfrak{G}\,\mathrm{d}\mathfrak{a},$$

Flüsse

$$\Psi = \int_a \mathfrak{D}\,\mathrm{d}\mathfrak{a},$$

$$\Phi = \int_a \mathfrak{B}\,\mathrm{d}\mathfrak{a},$$

$$\theta = \varphi\int_a \mathfrak{G}\,\mathrm{d}\mathfrak{a} + \frac{\mathrm{d}\Psi}{\mathrm{d}t},$$

Spannungen

$$U_{12} = \int_1^2 \mathfrak{E}\,\mathrm{d}\mathfrak{s},$$

$$V_{12} = \int_1^2 \mathfrak{H}\,\mathrm{d}\mathfrak{s},$$

Ohmsches Gesetz

$$\mathfrak{E} + \mathfrak{E}^e = \varrho\,\mathfrak{G}, \quad U_{21} = E_{12} - IR,$$

Kapazität, Induktivität, magnetischer Leitwert

$$C = \frac{Q}{U}, \quad L = \frac{2\,W_m}{I^2}, \quad L_{12} = \frac{\Phi_2^{(1)}}{\alpha\,I_1}, \quad \Phi = \Lambda\,V$$

elektrischer Hüllenfluß, magnetischer Hüllenfluß

$$\oint \mathfrak{D}\,\mathrm{d}\mathfrak{a} = \varphi\,\mathring{\Sigma}Q, \quad \oint \mathfrak{B}_{\text{tot}}\,\mathrm{d}\mathfrak{a} = 0,$$

Durchflutungsgesetz, Induktionsgesetz

$$\alpha\oint \mathfrak{H}\,\mathrm{d}\mathfrak{s} = \alpha\cdot\mathring{V} = \theta = \varphi\,\Sigma\,I + \frac{\mathrm{d}\Psi}{\mathrm{d}t},$$

$$\alpha\oint \mathfrak{E}\,\mathrm{d}\mathfrak{s} = \alpha\cdot\mathring{U} = -\frac{\mathrm{d}\Phi}{\mathrm{d}t}.$$

Grundgesetze für ruhende Körper in Differentialform

$$\alpha \cdot \operatorname{rot} \mathfrak{H} = \varphi \cdot \mathfrak{G} + \frac{\partial \mathfrak{D}}{\partial t}, \quad \alpha \cdot \operatorname{rot} \mathfrak{E} = -\frac{\partial \mathfrak{B}}{\partial t},$$

$$\operatorname{div} \mathfrak{D} = \varphi \cdot \eta, \quad \operatorname{div} \mathfrak{B}_{\text{tot}} = 0,$$

Flächendichte der Strahlungsleistung, Vakuumwellengeschwindigkeit, Vakuumwellenwiderstand

$$\mathfrak{S} = \frac{\alpha}{\varphi} \cdot \mathfrak{E} \times \mathfrak{H}, \quad c_0 = \frac{1}{\sqrt{\varepsilon_0 \mu_0}}, \quad \Gamma_0 = \sqrt{\frac{\mu_0}{\varepsilon_0}}.$$

Einsetzungsschema für die Zahlenwertgleichungen der Tabelle II

	Einzusetzende Zahlenwerte			
	φ	ε_0	μ_0	α
Praktische rationale Systeme	1	$\{\varepsilon_0\}$	$\{\mu_0\}$	1
Nichtrationale (ursprüngl.) CGS-Systeme				
elektrostatisches	4π	1	$1/\{c_0\}^2$	1
elektromagnetisches	4π	$1/\{c_0\}^2$	1	1
gemischtes (GAUSSsches)	4π	1	1	$\{c_0\}$
Rationale CGS-Systeme				
elektrostatisches	1	1	$1/\{c_0\}^2$	1
elektromagnetisches	1	$1/\{c_0\}^2$	1	1
gemischtes (LORENTZsches)	1	1	1	$\{c_0\}$

Tabelle III. Absolute praktische Einheiten (MKSA-Einheiten)

Namen, Kurzzeichen, Ableitungen aus A, V, s, m

Größe	Einheit
Energie W	1 Joule = 1 J = 1 A s V
Leistung P	1 Watt = 1 W = 1 J/s = 1 A V
Kraft F	1 Newton = 1 N = 1 J/m = 10^{-2} J/cm
el. Stromstärke I	1 Ampere = 1 A
el. Spannung U	1 Volt = 1 V
el. Ladung Q	1 A s = 1 Coulomb = 1 C
el. Feldstärke E	1 V/m = 10^{-2} V/cm
Dielektrizitätskonstante ε	1 A s/V m = 10^{-2} A s/V cm
Dielektrizitätszahl ε_r	1
Verschiebungsdichte D	1 A s/m² = 10^{-4} A s/cm²

Tabelle III (Fortsetzung)

Größe	Einheit
Verschiebungsfluß Ψ	1 A s
el. Polarisation P	1 A s/m² = 10^{-4} A s/cm²
el. Suszeptibilität $\varkappa_e$	1
Kapazität C	1 A s/V = 1 Farad = 1 F
Raumladungsdichte η	1 A s/m³ = 10^{-6} A s/cm³
Flächenladungsdichte σ	1 A s/m² = 10^{-4} A s/cm²
el. Stromdichte G	1 A/m² = 10^{-4} A/cm²
el. Durchflutung θ	1 A
el. Widerstand R	1 V/A = 1 Ohm = 1 Ω
el. Leitwert $G = 1/R$	1 A/V = 1 Siemens = 1 S = 1/Ω
spez. el. Widerstand ϱ	1 V m/A = 1 Ω m = 10^2 Ω cm
el. Leitfähigkeit $\varkappa = 1/\varrho$	1 A/V m = 1 S/m = 1/Ω m = 10^{-2} S/cm
magn. Induktion B	1 V s/m² = 1 Tesla = 1 T = 10^{-4} V s/cm²
Permeabilität μ	1 V s/A m = 10^{-2} V s/A cm
Permeabilitätszahl μ_r	1
magn. Feldstärke H	1 A/m = 10^{-2} A/cm
magn. Induktionsfluß Φ	1 V s = 1 Weber = 1 Wb
magn. Polarisation J	1 V s/m² = 10^{-4} V s/cm²
Magnetisierung $M = J/\mu_0$	1 A/m = 10^{-2} A/cm
magn. Suszeptibilität $\varkappa_m$	1
magn. Spannung V	1 A
Induktivität L	1 V s/A = 1 Henry = 1 H
magn. Leitwert Λ	1 V s/A
magn. Moment m	1 V s m = 10^2 V s cm
magn. Ladung (Polstärke) p	1 V s
Raumdichte der Feldenergie w	1 A s V/m³ = 10^{-6} A s V/cm³
Flächendichte der Strahlungsleistung S	1 A V/m² = 10^{-4} A V/cm²
Feldwellenwiderstand Γ	1 V/A = 1 Ω
Wellengeschwindigkeit c	1 m/s = 10^2 cm/s

Tabelle IV. Absolute praktische Einheiten

Ableitungen aus kg, m, s, A und aus kg, m, s, μ_0

(Abkürzung $\mu_* = \mu_0 \cdot 10^7/4\pi$)

Größe	Einheit	
W	$1\,\mathrm{A\,s\,V} = 1\,\mathrm{J} = 1\,\mathrm{kg\,m^2/s^2}$	
P	$1\,\mathrm{W} = 1\,\mathrm{J/s} = 1\,\mathrm{kg\,m^2/s^3}$	
F	$1\,\mathrm{N} = 1\,\mathrm{J/m} = 1\,\mathrm{kg\,m/s^2}$	
I	$1\,\mathrm{A}$	$= \mathrm{kg^{1/2}\,m^{1/2}\,s^{-1}}\,\mu_*^{-1/2}$
U	$1\,\mathrm{V} = 1\,\mathrm{kg\,m^2/s^3\,A}$	$= \mathrm{kg^{1/2}\,m^{3/2}\,s^{-2}}\,\mu_*^{1/2}$
E	$1\,\mathrm{V/m} = 1\,\mathrm{kg\,m/s^3\,A}$	$= \mathrm{kg^{1/2}\,m^{1/2}\,s^{-2}}\,\mu_*^{1/2}$
ε	$1\,\mathrm{A\,s/V\,m} = 1\,\mathrm{s^4\,A^2/kg\,m^3}$	$= \mathrm{m^{-2}\,s^2}\,\mu_*^{-1}$
D	$1\,\mathrm{As/m^2}$	$= \mathrm{kg^{1/2}\,m^{-3/2}}\,\mu_*^{-1/2}$
C	$1\,\mathrm{F} = 1\,\mathrm{s^4\,A^2/kg\,m^2}$	$= \mathrm{m^{-1}\,s^2}\,\mu_*^{-1}$
R	$1\,\Omega = 1\,\mathrm{kg\,m^2/s^3\,A^2}$	$= \mathrm{m\,s^{-1}}\,\mu_*$
B	$1\,\mathrm{V\,s/m^2} = 1\,\mathrm{kg/s^2\,A}$	$= \mathrm{kg^{1/2}\,m^{-1/2}\,s^{-1}}\,\mu_*^{1/2}$
μ	$1\,\mathrm{V\,s/A\,m} = 1\,\mathrm{kg\,m/s^2\,A^2}$	$= \mu_*$
H	$1\,\mathrm{A/m}$	$= \mathrm{kg^{1/2}\,m^{-1/2}\,s^{-1}}\,\mu_*^{-1/2}$
Φ	$1\,\mathrm{V\,s} = 1\,\mathrm{kg\,m^2/s^2\,A}$	$= \mathrm{kg^{1/2}\,m^{3/2}\,s^{-1}}\,\mu_*^{1/2}$
L	$1\,\mathrm{H} = 1\,\mathrm{kg\,m^2/s^2\,A^2}$	$= \mathrm{m}\,\mu_*$
w	$1\,\mathrm{J/m^3} = 1\,\mathrm{kg/m\,s^2}$	
S	$1\,\mathrm{W/m^2} = 1\,\mathrm{kg/s^3}$	

Tabelle V. Nichtrationale elektrostatische CGS-Einheiten

Einheit für	
Kraft	$[F]_s = \mathrm{g\,cm/s^2} = \mathrm{dyn} = [U]_s\,[I]_s\,\mathrm{s/cm}$
Masse	$[m]_s = \mathrm{g} = [U]_s\,[I]_s\,\mathrm{s^3/cm^2}$

Tabelle V (Fortsetzung)

Einheit für	
Energie	$[W]_s = \mathrm{g\,cm^2/s^2} = \mathrm{erg} = [U]_s\,[I]_s\,\mathrm{s}$
räuml. Energiedichte	$[w]_s = \mathrm{g/cm\,s^2} = [U]_s\,[I]_s\,\mathrm{s/cm^3}$
Flächendichte d. Strahlungsleistung	$[S]_s = \mathrm{g/s^3} = [U]_s\,[I]_s/\mathrm{cm^2}$
el. Spannung	$[U]_s = \frac{1}{\mathrm{s}}\sqrt{\frac{\mathrm{g\,cm}}{4\pi\,\varepsilon_0}}$
el. Stromstärke	$[I]_s = \frac{\mathrm{cm}}{\mathrm{s^2}}\sqrt{4\pi\,\varepsilon_0\,\mathrm{g\,cm}} = \mathrm{Fr/s}$
el. Widerstand	$[R]_s = \frac{\mathrm{s}}{4\pi\,\varepsilon_0\,\mathrm{cm}} = \frac{[U]_s}{[I]_s}$
Induktivität	$[L]_s = \frac{\mathrm{s^2}}{4\pi\,\varepsilon_0\,\mathrm{cm}} = \frac{\mathrm{s}\,[U]_s}{[I_s]}$
Kapazität	$[C]_s = 4\pi\,\varepsilon_0\,\mathrm{cm} = \frac{\mathrm{s}\,[I]_s}{[U]_s}$
el. Feldstärke	$[E]_s = \frac{1}{\mathrm{s}}\sqrt{\frac{\mathrm{g}}{4\pi\,\varepsilon_0\,\mathrm{cm}}} = \frac{[U]_s}{\mathrm{cm}}$
el. Verschiebung	$[D]_s = \frac{1}{\mathrm{s}}\sqrt{\frac{\varepsilon_0\,\mathrm{g}}{4\pi\,\mathrm{cm}}} = \frac{\mathrm{s}\,[I]_s}{4\pi\,\mathrm{cm^2}}$
Dielektrizitätskonstante	$[\varepsilon]_s = \varepsilon_0 = \frac{\mathrm{s}\,[I]_s}{4\pi\,\mathrm{cm}\,[U]_s}$
el. Polarisation	$[P]_s = \frac{1}{\mathrm{s}}\sqrt{\frac{4\pi\,\varepsilon_0\,\mathrm{g}}{\mathrm{cm}}} = \frac{\mathrm{s}\,[I]_s}{\mathrm{cm^2}}$
spez. el. Widerstand	$[\varrho]_s = \frac{\mathrm{s}}{4\pi\,\varepsilon_0} = \frac{\mathrm{cm}\,[U]_s}{[I]_s}$
magn. Induktion	$[B]_s = \frac{1}{\mathrm{cm}}\sqrt{\frac{\mathrm{g}}{4\pi\,\varepsilon_0\,\mathrm{cm}}} = \frac{\mathrm{s}\,[U]_s}{\mathrm{cm^2}}$
magn. Feldstärke	$[H]_s = \frac{1}{\mathrm{s^2}}\sqrt{\frac{\varepsilon_0\,\mathrm{g\,cm}}{4\pi}} = \frac{[I]_s}{4\pi\,\mathrm{cm}}$
Permeabilität	$[\mu]_s = \frac{\mathrm{s^2}}{\varepsilon_0\,\mathrm{cm^2}} = \frac{4\pi\,\mathrm{s}\,[U]_s}{\mathrm{cm}\,[I]_s}$
magn. Polarisation	$[J]_s = \frac{1}{\mathrm{cm}}\sqrt{\frac{4\pi\,\mathrm{g}}{\varepsilon_0\,\mathrm{cm}}} = \frac{4\pi\,\mathrm{s}\,[U]_s}{\mathrm{cm^2}}$
magn. Leitwert	$[\Lambda]_s = \frac{\mathrm{s^2}}{\varepsilon_0\,\mathrm{cm}} = \frac{4\pi\,\mathrm{s}\,[U]_s}{[I]_s}$

Tabelle VI. Rationale elektrostatische CGS-Einheiten

Einheit

$[F]_{s,r} = [F]_s,\ [m]_{s,r} = [m]_s,\ [W]_{s,r} = [W]_s,$

$[w]_{s,r} = [w]_s,\ [S]_{s,r} = [S]_r,\quad \text{denn}\quad [U]_{s,r}\,[I]_{s,r} = [U]_s\,[I]_s.$

$$[U]_{s,r} = \frac{1}{\mathrm{s}}\sqrt{\frac{\mathrm{g\,cm}}{\varepsilon_0}} = [U]_s \cdot \sqrt{4\pi}$$

$$[I]_{s,r} = \frac{\mathrm{cm}}{\mathrm{s}^2}\sqrt{\varepsilon_0\,\mathrm{g\,cm}} = [I]_s/\sqrt{4\pi}$$

$$[R]_{s,r} = \frac{\mathrm{s}}{\varepsilon_0\,\mathrm{cm}} = \frac{[U]_{s,r}}{[I]_{s,r}}$$

$$[L]_{s,r} = \frac{\mathrm{s}^2}{\varepsilon_0\,\mathrm{cm}} = \frac{\mathrm{s}\,[U]_{s,r}}{[I]_{s,r}}$$

$$[C]_{s,r} = \varepsilon_0\,\mathrm{cm} = \frac{\mathrm{s}\,[I]_{s,r}}{[U]_{s,r}}$$

$$[E]_{s,r} = \frac{1}{\mathrm{s}}\sqrt{\frac{\mathrm{g}}{\varepsilon_0\,\mathrm{cm}}} = \frac{[U]_{s,r}}{\mathrm{cm}}$$

$$[D]_{s,r} = \frac{1}{\mathrm{s}}\sqrt{\frac{\varepsilon_0\,\mathrm{g}}{\mathrm{cm}}} = \frac{\mathrm{s}\,[I]_{s,r}}{\mathrm{cm}^2}$$

$$[\varepsilon]_{s,r} = \varepsilon_0 = \frac{\mathrm{s}\,[I]_{s,r}}{\mathrm{cm}\,[U]_{s,r}}$$

$$[P]_{s,r} = \frac{1}{\mathrm{s}}\sqrt{\frac{\varepsilon_0\,\mathrm{g}}{\mathrm{cm}}} = \frac{\mathrm{s}\,[I]_{s,r}}{\mathrm{cm}^2}$$

$$[\varrho]_{s,r} = \frac{\mathrm{s}}{\varepsilon_0} = \frac{\mathrm{cm}\,[U]_{s,r}}{[I]_{s,r}}$$

$$[B]_{s,r} = \frac{1}{\mathrm{cm}}\sqrt{\frac{\mathrm{g}}{\varepsilon_0\,\mathrm{cm}}} = \frac{\mathrm{s}\,[U]_{s,r}}{\mathrm{cm}^2}$$

$$[H]_{s,r} = \frac{1}{\mathrm{s}^2}\sqrt{\varepsilon_0\,\mathrm{g\,cm}} = \frac{[I]_{s,r}}{\mathrm{cm}}$$

$$[\mu]_{s,r} = \frac{\mathrm{s}^2}{\varepsilon_0\,\mathrm{cm}^2} = \frac{\mathrm{s}\,[U]_{s,r}}{\mathrm{cm}\,[I]_{s,r}}$$

$$[J]_{s,r} = \frac{1}{\mathrm{cm}}\sqrt{\frac{\mathrm{g}}{\varepsilon_0\,\mathrm{cm}}} = \frac{\mathrm{s}\,[U]_{s,r}}{\mathrm{cm}^2}$$

$$[\Lambda]_{s,r} = \frac{\mathrm{s}^2}{\varepsilon_0\,\mathrm{cm}} = \frac{\mathrm{s}\,[U]_{s,r}}{[I]_{s,r}}$$

Tabelle VII. Nichtrationale elektromagnetische CGS-Einheiten

Einheit für	
Kraft	$[F]_m = \text{g cm/s}^2 = \text{dyn} = [U]_m\,[I]_m\,\text{s/cm}$
Masse	$[m]_m = \text{g} = [U]_m\,[I]_m\,\text{s}^3/\text{cm}^2$
Energie	$[W]_m = \text{g cm}^2/\text{s}^2 = \text{erg} = [U]_m\,[I]_m\,\text{s}$
räuml. Energiedichte	$[w]_m = \text{g/cm s}^2 = [U]_m\,[I]_m\,\text{s/cm}^3$
Flächendichte d. Strahlungsleistung	$[S]_m = \text{g/s}^3 = [U]_m\,[I]_m/\text{cm}^2$
el. Spannung	$[U]_m = \frac{\text{cm}}{\text{s}^2}\sqrt{\frac{\mu_0\,\text{g cm}}{4\pi}}$
el. Stromstärke	$[I]_m = \frac{1}{\text{s}}\sqrt{\frac{4\pi\,\text{g cm}}{\mu_0}} = 1\,\text{Bi}$
el. Widerstand	$[R]_m = \frac{\mu_0\,\text{cm}}{4\pi\,\text{s}} = \frac{[U]_m}{[I]_m}$
Induktivität	$[L]_m = \frac{\mu_0\,\text{cm}}{4\pi} = \frac{\text{s}\,[U]_m}{[I]_m}$
Kapazität	$[C]_m = \frac{4\pi\,\text{s}^2}{\mu_0\,\text{cm}} = \frac{\text{s}\,[I]_m}{[U]_m}$
el. Feldstärke	$[E]_m = \frac{1}{\text{s}^2}\sqrt{\frac{\mu_0\,\text{g cm}}{4\pi}} = \frac{[U]_m}{\text{cm}}$
el. Verschiebung	$[D]_m = \frac{1}{\text{cm}}\sqrt{\frac{\text{g}}{4\pi\,\mu_0\,\text{cm}}} = \frac{\text{s}\,[I]_m}{4\pi\,\text{cm}^2}$
Dielektrizitätskonstante	$[\varepsilon]_m = \frac{\text{s}^2}{\mu_0\,\text{cm}^2} = \frac{\text{s}\,[I]_m}{4\pi\,\text{cm}\,[U]_m}$
el. Polarisation	$[P]_m = \frac{1}{\text{cm}}\sqrt{\frac{4\pi\,\text{g}}{\mu_0\,\text{cm}}} = \frac{\text{s}\,[I]_m}{\text{cm}^2}$
spez. el. Widerstand	$[\varrho]_m = \frac{\mu_0\,\text{cm}^2}{4\pi\,\text{s}} = \frac{\text{cm}\,[U]_m}{[I]_m}$
magn. Induktion	$[B]_m = \frac{1}{\text{s}}\sqrt{\frac{\mu_0\,\text{g}}{4\pi\,\text{cm}}} = \frac{\text{s}\,[U]_m}{\text{cm}^2} = 1\,\text{G}$
magn. Feldstärke	$[H]_m = \frac{1}{\text{s}}\sqrt{\frac{\text{g}}{4\pi\,\mu_0\,\text{cm}}} = \frac{[I]_m}{4\pi\,\text{cm}} = 1\,\text{Oe}$
Permeabilität	$[\mu]_m = \mu_0 = \frac{4\pi\,\text{s}\,[U]_m}{\text{cm}\,[I]_m}$
magn. Polarisation	$[J]_m = \frac{1}{\text{s}}\sqrt{\frac{4\pi\,\mu_0\,\text{g}}{\text{cm}}} = \frac{4\pi\,\text{s}\,[U]_m}{\text{cm}^2}$
magn. Leitwert	$[\Lambda]_m = \mu_0\,\text{cm} = \frac{4\pi\,\text{s}\,[U]_m}{[I]_m}$

Tabelle VIII. Rationale elektromagnetische CGS-Einheiten

Einheit

$[F]_{m,r} = [F]_m$, $[m]_{m,r} = [m]_m$, $[W]_{m,r} = [W]_m$,

$[w]_{m,r} = [w]_m$, $[S]_{m,r} = [S]_m$, denn $[U]_{m,r}\,[I]_{m,r} = [U]_m\,[I]_m$.

$$[U]_{m,r} = \frac{\text{cm}}{\text{s}^2}\sqrt{\mu_0\,\text{g cm}} = [U]_m\sqrt{4\pi}$$

$$[I]_{m,r} = \frac{1}{\text{s}}\sqrt{\frac{\text{g cm}}{\mu_0}} = [I]_m/\sqrt{4\pi}$$

$$[R]_{m,r} = \frac{\mu_0\,\text{cm}}{\text{s}} = \frac{[U]_{m,r}}{[I]_{m,r}}$$

$$[L]_{m,r} = \mu_0\,\text{cm} = \frac{\text{s}\,[U]_{m,r}}{[I]_{m,r}}$$

$$[C]_{m,r} = \frac{\text{s}^2}{\mu_0\,\text{cm}} = \frac{\text{s}\,[I]_{m,r}}{[U]_{m,r}}$$

$$[E]_{m,r} = \frac{1}{\text{s}^2}\sqrt{\mu_0\,\text{g cm}} = \frac{[U]_{m,r}}{\text{cm}}$$

$$[D]_{m,r} = \frac{1}{\text{cm}}\sqrt{\frac{\text{g}}{\mu_0\,\text{cm}}} = \frac{\text{s}\,[I]_{m,r}}{\text{cm}^2}$$

$$[\varepsilon]_{m,r} = \frac{\text{s}^2}{\mu_0\,\text{cm}^2} = \frac{\text{s}\,[I]_{m,r}}{\text{cm}\,[U]_{m,r}}$$

$$[P]_{m,r} = \frac{1}{\text{cm}}\sqrt{\frac{\text{g}}{\mu_0\,\text{cm}}} = \frac{\text{s}\,[I]_{m,r}}{\text{cm}^2}$$

$$[\varrho]_{m,r} = \frac{\mu_0\,\text{cm}^2}{\text{s}} = \frac{\text{cm}\,[U]_{m,r}}{[I]_{m,r}}$$

$$[B]_{m,r} = \frac{1}{\text{s}}\sqrt{\frac{\mu_0\,\text{g}}{\text{cm}}} = \frac{\text{s}\,[U]_{m,r}}{\text{cm}^2}$$

$$[H]_{m,r} = \frac{1}{\text{s}}\sqrt{\frac{\text{g}}{\mu_0\,\text{cm}}} = \frac{[I]_{m,r}}{\text{cm}}$$

$$[\mu]_{m,r} = \mu_0 = \frac{\text{s}\,[U]_{m,r}}{\text{cm}\,[I]_{m,r}}$$

$$[J]_{m,r} = \frac{1}{\text{s}}\sqrt{\frac{\mu_0\,\text{g}}{\text{cm}}} = \frac{\text{s}\,[U]_{m,r}}{\text{cm}^2}$$

$$[\Lambda]_{m,r} = \mu_0\,\text{cm} = \frac{\text{s}\,[U]_{m,r}}{[I]_{m,r}}$$

Tabelle IX. CGS-Einheiten in zusammengefaßter Darstellung

Einheit für	
Kraft	$[F] = \frac{\text{v a s}}{\text{cm}} = \text{dyn}$
Masse	$[m] = \frac{\text{v a s}^3}{\text{cm}^2} = \text{g}$
Energie	$[W] = \text{v a s} = \text{erg}$
räuml. Energiedichte	$[w] = \frac{\text{v a s}}{\text{cm}^3}$
Flächendichte d. Strahlungsleistung	$[S] = \frac{\text{v a}}{\text{cm}^2}$
el. Spannung	$[U] = \text{v}$
el. Stromstärke	$[I] = \text{a}$
el. Widerstand	$[R] = \frac{\text{v}}{\text{a}}$
Induktivität	$[L] = \frac{\text{v s}}{\text{a}}$
Kapazität	$[C] = \frac{\text{a s}}{\text{v}}$
el. Feldstärke	$[E] = \frac{\text{v}}{\text{cm}}$
el. Verschiebung	$[D] = \frac{\text{a s}}{\varphi\,\text{cm}^2}$
Dielektrizitätskonstante	$[\varepsilon] = \frac{\text{a s}}{\varphi\,\text{v cm}}$
el. Polarisation	$[P] = \frac{\text{a s}}{\text{cm}^2}$
spez. el. Widerstand	$[\varrho] = \frac{\text{v cm}}{\text{a}}$
magn. Induktion	$[B] = \frac{\text{v s}}{\text{cm}^2}$
magn. Feldstärke	$[H] = \frac{\text{a}}{\varphi\,\text{cm}}$
Permeabilität	$[\mu] = \frac{\varphi\,\text{v s}}{\text{a cm}}$
magn. Polarisation	$[J] = \frac{\varphi\,\text{v s}}{\text{cm}^2}$
magn. Leitwert	$[\Lambda] = \frac{\varphi\,\text{v s}}{\text{a}}$

Einsetzungsschema für die Einheiten in Tabelle IX

Einheiten	φ	a		v	
nichtrationale (ursprüngliche)					
elektrostatische CGS-Einheiten	4π	$[I]_s$	nach (20.16)	$[U]_s$	nach (20.14)
elektromagnet. CGS-Einheiten	4π	$[I]_m$	nach (20.22)	$[U]_m$	nach (20.32)
rationale					
elektrostatische CGS-Einheiten	1	$[I]_{s,r}$	nach (20.17)	$[U]_{s,r}$	nach (20.15)
elektromagnet. CGS-Einheiten	1	$[I]_{m,r}$	nach (20.25)	$[U]_{m,r}$	nach (20.33)

Tabelle X. CGS-Einheiten der mechanischen Ersatzgrößen von der Art G_{*s} und der Art G_{*m}

$[U_{*s}] = \frac{1}{s}\sqrt{g\,cm} = \sqrt{dyn}$	$[U_{*m}] = \frac{1}{s^2}\sqrt{g\,cm^3}$
$[I_{*s}] = \frac{1}{s^2}\sqrt{g\,cm^3}$	$[I_{*m}] = \frac{1}{s}\sqrt{g\,cm} = \sqrt{dyn}$
$[R_{*s}] = \frac{s}{cm}$	$[R_{*m}] = \frac{cm}{s}$
$[L_{*s}] = \frac{s^2}{cm}$	$[L_{*m}] = cm$
$[C_{*s}] = cm$	$[C_{*m}] = \frac{s^2}{cm}$
$[E_{*s}] = \frac{1}{s}\sqrt{\frac{g}{cm}}$	$[E_{*m}] = \frac{1}{s^2}\sqrt{g\,cm}$
$[D_{*s}] = \frac{1}{s}\sqrt{\frac{g}{cm}}$	$[D_{*m}] = \sqrt{\frac{g}{cm^3}}$
$[P_{*s}] = \frac{1}{s}\sqrt{\frac{g}{cm}}$	$[P_{*m}] = \sqrt{\frac{g}{cm^3}}$
$[\varepsilon_{*s}] = 1$	$[\varepsilon_{*m}] = \frac{s^2}{cm^2}$
$[\varrho_{*s}] = s$	$[\varrho_{*m}] = \frac{cm^2}{s}$
$[B_{*s}] = \sqrt{\frac{g}{cm^3}}$	$[B_{*m}] = \frac{1}{s}\sqrt{\frac{g}{cm}}$
$[H_{*s}] = \frac{1}{s^2}\sqrt{g\,cm}$	$[H_{*m}] = \frac{1}{s}\sqrt{\frac{g}{cm}}$

Tabelle X (Fortsetzung)

$[J_{*s}] = \sqrt{\frac{\mathrm{g}}{\mathrm{cm}^3}}$	$[J_{*m}] = \frac{1}{\mathrm{s}}\sqrt{\frac{\mathrm{g}}{\mathrm{cm}}}$
$[\mu_{*s}] = \frac{\mathrm{s}^2}{\mathrm{cm}^2}$	$[\mu_{*m}] = 1$
$[\Lambda_{*s}] = \frac{\mathrm{s}^2}{\mathrm{cm}}$	$[\Lambda_{*m}] = \mathrm{cm}$

Tabelle XI. CQS-Einheiten der Ersatzgrößen von der Art G'_s und G'_m

$[F'_s] = \frac{\mathrm{q}^2}{\mathrm{cm}^2} = [U'_s]^2$	$[F'_m] = \frac{\mathrm{q}^2}{\mathrm{s}^2} = [I'_m]^2$
$[W'_s] = \frac{\mathrm{q}^2}{\mathrm{cm}}$	$[W'_m] = \frac{\mathrm{q}^2\,\mathrm{cm}}{\mathrm{s}^2}$
$[m'_s] = \frac{\mathrm{q}^2\,\mathrm{s}^2}{\mathrm{cm}^3}$	$[m'_m] = \frac{\mathrm{q}^2}{\mathrm{cm}}$
$[U'_s] = \frac{\mathrm{q}}{\mathrm{cm}}$	$[U'_m] = \frac{\mathrm{q}\,\mathrm{cm}}{\mathrm{s}^2}$
$[I'_s] = \frac{\mathrm{q}}{\mathrm{s}}$	$[I'_m] = \frac{\mathrm{q}}{\mathrm{s}}$
$[R'_s] = \frac{\mathrm{s}}{\mathrm{cm}}$	$[R'_m] = \frac{\mathrm{cm}}{\mathrm{s}}$
$[L'_s] = \frac{\mathrm{s}^2}{\mathrm{cm}}$	$[L'_m] = \mathrm{cm}$
$[C'_s] = \mathrm{cm}$	$[C'_m] = \frac{\mathrm{s}^2}{\mathrm{cm}}$
$[E'_s] = \frac{\mathrm{q}}{\mathrm{cm}^2}$	$[E'_m] = \frac{\mathrm{q}}{\mathrm{s}^2}$
$[D'_s] = \frac{\mathrm{q}}{\mathrm{cm}^2}$	$[D'_m] = \frac{\mathrm{q}}{\mathrm{cm}^2}$
$[\varepsilon'_s] = 1$	$[\varepsilon'_m] = \frac{\mathrm{s}^2}{\mathrm{cm}^2}$
$[B'_s] = \frac{\mathrm{q}\,\mathrm{s}}{\mathrm{cm}^3}$	$[B'_m] = \frac{\mathrm{q}}{\mathrm{cm}\,\mathrm{s}}$
$[H'_s] = \frac{\mathrm{q}}{\mathrm{cm}\,\mathrm{s}}$	$[H'_m] = \frac{\mathrm{q}}{\mathrm{cm}\,\mathrm{s}}$
$[\mu'_s] = \frac{\mathrm{s}^2}{\mathrm{cm}^2}$	$[\mu'_m] = 1$

Tabelle XII. Umrechnungen von Zahlenwerten und von Einheiten des elektrostatischen und des elektromagnetischen CGS-Systems

Größe und Formelzeichen G	$\frac{\{G\}_s}{\{G\}_m} = \frac{[G]_m}{[G]_s}$	Größe und Formelzeichen G	$\frac{\{G\}_s}{\{G\}_m} = \frac{[G]_m}{[G]_s}$
Kraft F	1	el. Feldstärke E	$1/\alpha$
Masse m	1	el. Verschiebung D	α
Energie W	1	el. Versch.-fluß Ψ	α
räuml. Energiedichte w	1	Diel.-konstante ε	α^2
Flächendichte der Strahlungsleistung S	1	el. Polarisation P	α
		spez. el. Widerst. ϱ	$1/\alpha^2$
el. Spannung U	$1/\alpha$	magn. Induktion B	$1/\alpha$
el. Stromstärke I	α	magn. Ind.-fluß Φ	$1/\alpha$
el. Ladung Q	α	magn. Feldstärke H	α
el. Stromdichte G	α	magn. Spannung V	α
el. Widerstand R	$1/\alpha^2$	Permeabilität μ	$1/\alpha^2$
Induktivität L	$1/\alpha^2$	magn. Polarisation J	$1/\alpha$
Kapazität C	α^2	magn. Leitwert Λ	$1/\alpha^2$

Tabelle XIII. Umrechnungen von Zahlenwerten und von Einheiten des elektrostatischen CGS-Systems und des praktischen Systems sowie des elektromagnetischen CGS-Systems und des praktischen Systems

Größe und Formelzeichen G		$[G]_p$	$\frac{\{G\}_p}{\{G\}_s} = \frac{[G]_s}{[G]_p}$	$\frac{\{G\}_p}{\{G\}_m} = \frac{[G]_m}{[G]_p}$
Kraft	F	$\frac{\mathrm{A\,s\,V}}{\mathrm{cm}} = 10^2 \frac{\mathrm{J}}{\mathrm{m}}$	10^{-7}	10^{-7}
Masse	m	$\frac{\mathrm{A\,V\,s^3}}{\mathrm{cm^2}} = 10^4 \frac{\mathrm{J\,s^2}}{\mathrm{m^2}}$	10^{-7}	10^{-7}
Energie W, Arbeit	A	$\mathrm{A\,s\,V} = \mathrm{J}$	10^{-7}	10^{-7}
räuml. Energ.-Dichte	w	$\frac{\mathrm{A\,s\,V}}{\mathrm{cm^3}} = 10^6 \frac{\mathrm{J}}{\mathrm{m^3}}$	10^{-7}	10^{-7}
Flächendichte d. Strahlungsleistung	S	$\frac{\mathrm{A\,V}}{\mathrm{cm^2}} = 10^4 \frac{\mathrm{J}}{\mathrm{s\,m^2}}$	10^{-7}	10^{-7}
el. Spannung	U	V	$\alpha/10^8$	10^{-8}
el. Stromstärke	I	A	$10/\alpha$	10
el. Ladung	Q	A s	$10/\alpha$	10
el. Stromdichte	G	$\frac{\mathrm{A}}{\mathrm{cm^2}} = 10^4 \frac{\mathrm{A}}{\mathrm{m^2}}$	$10/\alpha$	10

Tabelle XIII (Fortsetzung)

Größe und Formelzeichen G		$[G]_p$	$\frac{\{G\}_p}{\{G\}_s} = \frac{[G]_s}{[G]_p}$	$\frac{\{G\}_p}{\{G\}_m} = \frac{[G]_m}{[G]_p}$
el. Widerstand	R	$\frac{\mathrm{V}}{\mathrm{A}}$	$\alpha^2/10^9$	10^{-9}
Induktivität	L	$\frac{\mathrm{V\,s}}{\mathrm{A}}$	$\alpha^2/10^9$	10^{-9}
Kapazität	C	$\frac{\mathrm{A\,s}}{\mathrm{V}}$	$10^9/\alpha^2$	10^9
el. Feldstärke	E	$\frac{\mathrm{V}}{\mathrm{cm}} = 10^2 \frac{\mathrm{V}}{\mathrm{m}}$	$\alpha/10^8$	10^{-8}
el. Verschiebung	D	$\frac{\mathrm{A\,s}}{\mathrm{cm}^2} = 10^4 \frac{\mathrm{A\,s}}{\mathrm{m}^2}$	$10/4\pi\,\alpha$	$10/4\pi$
Verschiebungsfluß	Ψ	A s	$10/4\pi\,\alpha$	$10/4\pi$
Dielektr.-konstante	ε	$\frac{\mathrm{A\,s}}{\mathrm{V\,cm}} = 10^2 \frac{\mathrm{A\,s}}{\mathrm{V\,m}}$	$10^9/4\pi\,\alpha^2$	$10^9/4\pi$
el. Polarisation	P	$\frac{\mathrm{A\,s}}{\mathrm{cm}^2} = 10^4 \frac{\mathrm{A\,s}}{\mathrm{m}^2}$	$10/\alpha$	10
spez. el. Widerstand	ϱ	$\frac{\mathrm{V\,cm}}{\mathrm{A}} = 10^{-2} \frac{\mathrm{V\,m}}{\mathrm{A}}$	$\alpha^2/10^9$	10^{-9}
magn. Induktion	B	$\frac{\mathrm{V\,s}}{\mathrm{cm}^2} = 10^4 \frac{\mathrm{V\,s}}{\mathrm{m}^2}$	$\alpha/10^8$	10^{-8}
Induktionsfluß	Φ	V s	$\alpha/10^8$	10^{-8}
magn. Feldstärke	H	$\frac{\mathrm{A}}{\mathrm{cm}} = 10^2 \frac{\mathrm{A}}{\mathrm{m}}$	$10/4\pi\,\alpha$	$10/4\pi$
magn. Spannung	V	A	$10/4\pi\,\alpha$	$10/4\pi$
Permeabilität	μ	$\frac{\mathrm{V\,s}}{\mathrm{A\,cm}} = 10^2 \frac{\mathrm{V\,s}}{\mathrm{A\,m}}$	$4\pi\,\alpha^2/10^9$	$4\pi/10^9$
magn. Polarisation	J	$\frac{\mathrm{V\,s}}{\mathrm{cm}^2} = 10^4 \frac{\mathrm{V\,s}}{\mathrm{m}^2}$	$4\pi\,\alpha/10^8$	$4\pi/10^8$
magn. Leitwert	Λ	$\frac{\mathrm{V\,s}}{\mathrm{A}}$	$4\pi\,\alpha^2/10^9$	$4\pi/10^9$

Tabelle XIV. Umrechnungsfaktoren in Zahlen

$4\pi = 12{,}566371$	$1/4\pi = 0{,}079577$
$\sqrt{4\pi} = 3{,}544908$	$1/\sqrt{4\pi} = 0{,}282095$
$\alpha = 2{,}99792 \cdot 10^{10}$	$1/\alpha = 0{,}333564 \cdot 10^{-10}$
$\alpha^2 = 8{,}98752 \cdot 10^{20}$	$1/\alpha^2 = 0{,}111265 \cdot 10^{-20}$

Tabelle XIV (Fortsetzung)

$4\pi\alpha = 37{,}67297 \cdot 10^{10}$	$1/4\pi\alpha = 0{,}026544 \cdot 10^{-10}$
$4\pi\alpha^2 = 112{,}940 \cdot 10^{20}$	$1/4\pi\alpha^2 = 0{,}0088542 \cdot 10^{-20}$
$p = 1{,}00049$	$pq = 1{,}00034$
$q = 0{,}99985$	$pq^2 = 1{,}00019$

Tabelle XV. Umrechnung von Energie-Einheiten

	Einheiten:
(1)	$1\ \text{Joule} = 1\ \text{J} = 1\ \text{kg}\ \text{m}^2/\text{s}^2 = 1\ \text{A s V}$
	$= 1\ \text{N m} = 1\ \text{W s}$,
(2)	$1\ \text{erg} = 10^{-7}\ \text{J}$,
(3)[1]	$1\ \text{kp m} = g_n\ \text{kg m} = \beta\ \text{kg m}^2/\text{s}^2 = \beta\ \text{J}$,
	mit $g_n = \beta\ \text{m/s}^2$,
	$\beta = 9{,}80665,\ 1/\beta = 0{,}101972\ldots$,
(4)	$1\ \text{cal}_{\text{IT}} = 4{,}1868\ \text{J},\ 1/4{,}1868 = 0{,}2388\ldots$,
(5)	$1\ \text{kW h} = 3{,}6 \cdot 10^6\ \text{J}$,
(6)	$1\ \text{PS h} = 2{,}7 \cdot 10^5\ \text{kp m}$,
(7)	$1\ \text{MeV} = 1{,}602 \cdot 10^{-13}\ \text{J}$.

Absolut genau, da durch Vereinbarung festgelegt, sind die Zahlen 1 in (1), $\beta = 9{,}80665$ in (3), 4,1868 in (4), $2{,}7 \cdot 10^5/3600 = 75$ in (6). Die Einheit (7) ergibt sich als das Produkt der Elementarladung $1{,}602 \cdot 10^{-19}$As mit 10^6 V.

Umrechnungs-Tafel

	J	kW h	kcal_{IT}
1 J =	1	$2{,}7778 \cdot 10^{-7}$	$2{,}3885 \cdot 10^{-4}$
1 kW h =	$3{,}6 \cdot 10^6$	1	$0{,}85984 \cdot 10^3$
1 kcal_{IT} =	$4{,}1868 \cdot 10^3$	$1{,}1630 \cdot 10^{-3}$	1
1 kp m =	9,80665	$2{,}7241 \cdot 10^{-6}$	$2{,}3423 \cdot 10^{-3}$
1 PS h =	$2{,}6478 \cdot 10^6$	0,7355	$6{,}3241 \cdot 10^2$
1 MeV =	$1{,}6020 \cdot 10^{-13}$	$0{,}4450 \cdot 10^{-19}$	$3{,}8263 \cdot 10^{-17}$

[1]) Die Krafteinheit kp, die im Deutschen Kilopond gesprochen wird, wurde früher häufig Kraftkilogramm genannt. Neben kp ist das Zeichen kgf international zur Wahl gestellt.

Umrechnungs-Tafel (Fortsetzung)

	kp m	PS h	MeV
1 J =	0,10197	$3{,}7767 \cdot 10^{-7}$	$0{,}62422 \cdot 10^{13}$
1 kW h =	$3{,}6708 \cdot 10^{5}$	1,3596	$2{,}2472 \cdot 10^{19}$
1 k cal_{IT} =	$4{,}2694 \cdot 10^{2}$	$1{,}5812 \cdot 10^{-3}$	$2{,}6135 \cdot 10^{16}$
1 kp m =	1	$3{,}7037 \cdot 10^{-6}$	$6{,}1215 \cdot 10^{13}$
1 PS h =	$2{,}7 \cdot 10^{5}$	1	$1{,}6528 \cdot 10^{19}$
1 Me V =	$1{,}6336 \cdot 10^{-14}$	$6{,}0503 \cdot 10^{-19}$	1

Tabelle XVI. Kurzzeichen von Einheiten

Kurzzeichen und Namen von Einheiten, auch abgekürzte, werden mit senkrechten Lettern gedruckt[1])

A	Ampere	(17.)	M	Maxwell	(18.3)
Bi	Biot	(20.24)	N	Newton	(14.)
C	Coulomb	(III.)	Oe	Oersted	(18.2)
F	Farad	(III.)	p	Pond	(XV.)
Fr	Franklin	(20.8)	s	Sekunde	(14.)
g	Gramm	(14.)	S	Siemens	(III.)
G	Gauß	(18.1)	T	Tesla	(III.)
Gb	Gilbert	(18.4)	V	Volt	(17.)
H	Henry	(III.)	W	Watt	(14.)
J	Joule	(14.)	Wb	Weber	(III.)
m	Meter	(14.)	Ω	Ohm	(III.)

Vorsätze bilden zusammen mit der dahinter stehenden Einheit ein Ganzes, sie sind keine selbständigen Abkürzungen. Beispiel:

$$\mathrm{cm}^3 = (\mathrm{cm})^3 = 10^{-6}\,\mathrm{m}^3, \text{ aber nicht } \mathrm{c}\,(\mathrm{m}^3) = 10^{-2}\,\mathrm{m}^3.$$

Wenn der Name und das Zeichen einer Grundeinheit oder einer abgeleiteten Einheit schon einen Vorsatz hat, zum Beispiel Kilogramm kg, Kilopond kp, dann werden die Vorsätze vor das einfache Zeichen und den einfachen Namen gestellt, zum Beispiel Milligramm mg, Megapond Mp. — Doppelvorsätze sind also in jedem Fall zu vermeiden.

[1]) Befürchtet man Verwechslungen, so schreibt man an Stelle des Kurzzeichens den Namen der Einheit abgekürzt oder ganz, zum Beispiel Amp statt A, Coul statt C, sec statt s, Volt statt V, Watt statt W.

Man beachte besonders folgende Verwechslungsmöglichkeiten: *A* Arbeit und A Ampere, *C* Kapazität und C Coulomb, *F* Kraft und F Farad, *g* Fallbeschleunigung und g Gramm, *H* magnetische Feldstärke und H Henry, *J* magnetische Polarisation und J Joule, *m* Masse und m Meter, *s* Strecke und s Sekunde, *V* magnetische Spannung und V Volt, *W* Energie und W Watt.

Tabelle XVII. Vorsätze zur Bezeichnung von dezimalen Vielfachen und Teilen von Einheiten

Vorsatz-zeichen	Wort-Vorsatz	Zahlen-faktor
da	Deka-	10^1
h	Hekto-	10^2
k	Kilo-	10^3
M	Mega-	10^6
G	Giga-	10^9
T	Tera-	10^{12}
d	Dezi-	10^{-1}
c	Zenti-	10^{-2}
m	Milli-	10^{-3}
μ	Mikro-	10^{-6}
n	Nano-	10^{-9}
p	Piko-	10^{-12}

Tabelle XVIII. Formelzeichen für Größen und für Zahlenwerte

Formelzeichen für Größen und für Zahlenwerte werden mit schrägen (*kursiven*) lateinischen und griechischen Lettern gedruckt. Frakturlettern kennzeichnen die Vektoreigenschaft.

A	Arbeit
a, $\mathfrak{a}$	Fläche
B, $\mathfrak{B}$	magnetische Induktion
$\mathfrak{B}_{tot}$	totale magnetische Induktion
C	Kapazität
c_0	Vakuumwellengeschwindigkeit
D, $\mathfrak{D}$	elektrische Verschiebung (Verschiebungsdichte)
E, $\mathfrak{E}$	elektrische Feldstärke
F, $\mathfrak{F}$	Kraft
f	Frequenz
G, $\mathfrak{G}$	Leitungsstromdichte
G	elektrischer Leitwert
G	physikalische Größe, allgemein
g	Anzahl der unabhängigen Größen

g_n Normwert der Fallbeschleubigung
$H, \mathfrak{H}$ magnetische Feldstärke
h Konstante (physikalische Größe)
I elektrische Stromstärke
$J, \mathfrak{J}$ magnetische Polarisation
$\mathfrak{J}^p$ Permanenz
k Konstante (physikalische Größe)
L Induktivität
$l, \mathfrak{l}$ Länge
$M, \mathfrak{M}$ Magnetisierung
m Masse
$m, \mathfrak{m}$ magnetisches Moment
P Leistung
$P, \mathfrak{P}$ elektrische Polarisation
p Umrechnungsfaktor
p magnetische Ladung (Polstärke)
Q elektrische Ladung
q Umrechnungsfaktor
R elektrischer Widerstand
$r, \mathfrak{r}$ Entfernung, Fahrstrahl, Aufpunktsabstand
$S, \mathfrak{S}$ Flächendichte der Strahlungsleistung
$s, \mathfrak{s}$ Weg, Strecke, Kurve
t Zeit
U elektrische Spannung
V magnetische Spannung
$v, \mathfrak{v}$ Geschwindigkeit
w räumliche Feldenergiedichte, w_e elektrische, w_m magnetische
W Energie, W_e elektrische, W_m magnetische Feldenergie
Z Zahlenfaktor in der allgemeinen Größengleichung
z Zahlenfaktor in der Zahlenwertgleichung

α Umrechnungsfaktor; Zahlenwert von c_0, bezogen auf cm/s
β Zahlenwert von g_n, bezogen auf m/s^2
γ Konstante (physikalische Größe)
Γ_0 Vakuumwellenwiderstand
ε Dielektrizitätskonstante
ε_r Dielektrizitätszahl
ε_0 Verschiebungskonstante, Influenzkonstante
ζ Umrechnungsfaktor in der Einheitengleichung
η räumliche Dichte der elektrischen Ladung
$\varkappa$ elektrische Leitfähigkeit
$\varkappa_e, \varkappa_m$ elektrische, magnetische Suszeptibilität
Λ magnetischer Leitwert

μ	Permeabilität
μ_r	Permeabilitätszahl
μ_0	Induktionskonstante
ϱ	spezifischer elektrischer Widerstand
σ	Flächendichte der elektrischen Ladung
τ	Volumen
φ	Winkel
φ	ahlenfaktor
Φ	Induktionsfluß (magnetischer Fluß)
χ	Konstante (physikalische Größe)
Ψ	Verschiebungsfluß (elektrischer Fluß)
$\xi_e = \varepsilon_r$	Dielektrizitätszahl
$\xi_m = \mu_r$	Permeabilitätszahl
ω	Kreisfrequenz

Namenverzeichnis

Die Zahlen bedeuten die Nummern der Abschnitte

Sachverzeichnis

Die Zahlen bedeuten die Nummern der Abschnitte